国家出版基金项目
NATIONAL PUBLICATION FOUNDATION

總　主　編　趙超　行龍

執行總主編　駱玉安

本　卷　主　編　郝平

本卷執行主編　吳小倫

黄河流域水利碑刻集成

山西卷　三

上海交通大学出版社
SHANGHAI JIAO TONG UNIVERSITY PRESS

清（一）

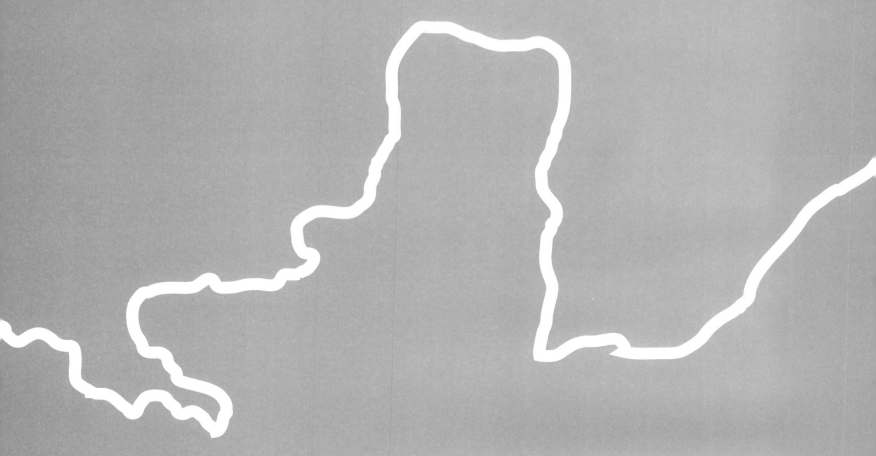

252. 閑事碑

立石年代：清順治五年（1648 年）
原石尺寸：高 104 厘米，寬 54 厘米
石存地點：運城市聞喜縣博物館

〔碑額〕：閑事碑　　日　月
計開：大□先□題，至崇禎年間，經過凶歲，又遭乱变，著碑以曉後云。

崇禎四、五、六年，流寇作乱，搶奪財物，殺擄男女，焚民房屋，不知其数。及七、八年，荒旱不收。八年又遭蝗□，田苗通食。但□百姓食尽榆皮，食尽遊塵糟糠，食尽□□，爲母吃子，爲子吃父，□救民生也。壯者走散十有六，老幼餓死於道路，人中之数十中去七，似此景象百如之□，各朝罕有。□間之餓莩深□□□□者極矣，天否極矣。乃苦尽甘來，人事之必然，岡極來至，天公之□鍾幸佑。五年夏，麦頗□，秋□盛，合時雨降。前此之死者，不能復生，□存□□或有□一綫生氣矣，而民□□□□愧景矣。回憶凶歲甚利害，乱变曾□□，先輩有□□，後輩要勤儉，凡我輩後嗣□當□□□，故刊碑以曉□後云。

（以下荒年禾穀價格因漫漶不清，略而不錄）
□生陽弘培撰，楊俊士書。
順治五年四月□□立。

253. 重修懿濟夫人顯澤侯神祠碑記

立石年代：清順治八年（1651 年）

原石尺寸：高 237 厘米，寬 87 厘米

石存地點：晋中市和順縣平松鄉合山村

重修懿濟夫人顯澤侯神祠碑記

惟天佑民，惟神佐天。風雲雷雨之各有其司，猶公卿大夫各有其職也。然神則有异矣，其道幽，其施澤於民也久。惟幽也，故能攝人心於不可忖思之地；其澤遠，故歷世祀之而不衰。合山有神焉，其冠披而貞静者懿濟夫人，其冕旒而嚴毅者顯澤侯，蓋姊弟也。封號始於宋，碑志稱爲嫗姑氏子，不能詳其始末。……代之母女嫗，神豈其苗裔歟？然惟神有大功德於斯民，其譜系又可存而不論者。合山之勝，峰高而谷深，林茂而泉甘，誠介福之奧區，集靈之□□也。傳神始来時，□异□□掘地而鞭舄示地，遂即今地建廟以祀，四方之旱者必禱，禱輒應。亭下二泉，神司其蓄泄。聞元時有經略使張公者，爲亂兵所困，禱於神□□，猛雨驟至，圍遂潰□□出。嗚呼！太平之灾惟旱，亂世之患惟兵，神能禦之捍之，厥功不甚偉哉！歷年久，廟之圮者過半。戊子春，予游其地，求至治時白道人所修砌花臺及天啟時所建水池。古迹邈不可得，惟有喬松千□、靈泉一□耳。我聞父老云："在萬曆年間，時和而年豐，貢賦貞，財物裕，此邦之人所以奉神者甚嚴，四月間香火之會……禱疾者，非□衣服新沐浴者不敢與其事，與輒有咎。每□神至河滸，乘風而渡，輦夫履不涉水。嗚呼怪矣！天啓、崇禎間，流寇飆起，縱橫數千里，官軍不能禦□□□□者年餘。肆處戮焚廬舍，掠牛馬，破城而浚去，民之環山而居者十室而三四焉。民既無力以供神，神亦若存而□徙。"嗚呼！神之盛衰歟？氣運之盛衰歟？

皇清鼎運，民物維新。於是里之耆民畢柱等者，謀於鄉先生曰："从者年穀不登，兵革頻仍，或者吾儕小人不能事神之咎。"鄉先生曰："封爵舊制也，無以加□祀事□□□隆萬人之觀，垂永久之緒，莫如嚴繪塑，闢廟顏。"於是取材於林，伐石於山，自丙戌年至辛卯年落成。寢殿峨峨，廊廡嚴嚴，有亭翼然，有坊屹然，山川□□，神其有以憑依已。嗚呼！代運鼎革，宋歟？金歟？元歟？明歟？秋風禾黍之感，兔葵燕麥之悲，不可勝紀。而神之封號如故也，廟貌依然也，民□嘗懷二□，有仁神□於克誠宣□□乎。或曰："神之澤不及於殊方歟？而廟祀獨專於和順，何也？"曰："神之分符各土，猶鄉大夫之有采邑也，各域其域焉。若其靈，則無所不之也。"□之……寸合，而霖雨遍天下，其膏澤寧獨及於齊魯哉？神其聰明正直，輔天以佑民者歟？予故樂記其始終如此。若夫修建既備，□望有所，風雨時降，福那以自□□之邑者，則□以問之合山之神。

賜同進士出身文林郎知和順縣事鄞下恪甫蘇弘祖撰文，候選推官邑人再明胡淑寅篆額，邑庠廩生趙漪書丹。

前知縣事彭川常應楨，前知縣事淅金樓欽楨，儒學教諭古祁段□珍，本縣典史西昌余本忠，樂平縣教諭署縣事西河孔四□，前任典史山陰貞甫陳良幹，瑞雲觀募緣道人杜守寧，勒石道人……本廟住持道人……

大清順治八年歲在辛卯春仲之吉。

重修舜井並建祠宇
神異碑記

254. 董公重甃舜井并修建祠宇神异记

立石年代：清順治八年（1651 年）
原石尺寸：高 131 厘米，寬 69 厘米
石存地點：運城市垣曲縣歷山鎮神后村

〔碑額〕：重甃舜井并建祠宇神异碑記　　　日　月
董公重甃舜井并修建祠宇神异記

邑北四十里古有瞽塚村，迤上二里許，有□□而起，乃瞽瞍塚也。塚背負小嶺如帶，井出嶺右，臨下緊與塚抱，嶺左十數武有窟，窈然而深，與井平直對如□，相傳爲東家井，即《書》所謂匿空旁出處也。井之□异者水，或倏然而溢，或忽然而窨。其窨也，或經歲不出，□甕敝而漏也；其溢也，上與坎平石，建瓴以注也。且窨或以潦而溢，反以旱。噫！天下有井焉神异如是者哉。古虞聖祠於其一，奉敕歲時祀祭，典在縣誌尚矣。稽祠舊制，東正殿三楹列帝及娥皇、女英像，并居殿。前明萬曆□公以水質寒冽，於井前鑿二池，利溉事、惠農人也。年來水清石泐，浚壞日甚。先是有欲修者逡巡，旋起旋止，至□祠亦皆因陋就簡，無有計深遠謀改闢者。幸遇邑侯董公天質敏練，凡吾垣有關風□處，靡不□心整飭。一日謁祠畢，顧井愕然曰：失今不治，後將堙塞。又周觀祠制，心弗善也，慨然欲創建之。成所在心，營畫周至。立召本村鄉老王龍道、楊自勖鳩厥工，測深量廣，寸寸必度，不日而井工堅緻告成矣。特達六□於二池之間，吊水由井達池，經帝座下又入第二池。且於井後作寢宮，即井上成短亭，齋房翼室，罔弗美備，□月而廟貌視旧頓异矣。是役也，取材於旁山，徵力於本里，費少而功倍，時暫而效捷。且我公俸金屢出，以□賞單騎數行以省作，其顛末皆不可不記，余謂尤有神异可記者。未修之始，水方瀁涌，甫命甃治，而水立涸，□□期會而然修自下上上，乃工以漸起，水即漸升，工高若干尺，水恒半之。迄上及坎口，水不盈者三版，若爲□□而然。構殿之初，有二鳥飛集而鳴，自後工集而集，工散而去，靡日不然。洎工竣，竟不復止，若有呼導而然。噫！□□有興作焉，神□如是者哉！大抵人之精誠，原無所不通，一念可通於百灵，一時可通於千古。當日惟帝之□□孝，旁通於物類，故井可旁而出，水可溢而升也，□可代而耕，鳥可代而耘也。今公之誠信，又上通於帝，故□□而水隨之以潮汐也，締造而鳥窺之以飛翔也，其理一而已矣。噫！後之聞是事者，而帝之灵應，更景公之孚□，當與涌醴流鳥之瑞，并傳不朽，故余謂神异尤不可不記也。遂作記。

乙酉□文魁邑人楊帝培撰文，儒學生員里人□□□書丹，儒學生員里人王□篆額。

敕封文林郎知垣曲縣事天中董爾性，文魁署垣曲縣儒學教諭事楊崇高，垣曲縣典史古越高胤豫。

工房：婁彩順、王治世、馮命□、楊得隆、王連通。督工老人：王龍道、楊自勖。

石匠張朋□、狄仁清。水瓦匠喬國顯、楊奇秀。泥水匠張光英。畫匠□□□。木匠王光□、李加賓、張舒貌、劉思禮。紙匠王尚賢。□匠王起仁。陰陽□承澤。

順治八年□□孟秋吉旦立。

255. 重修靈湫廟記

立石年代：清順治八年（1651 年）
原石尺寸：高 140 厘米，寬 63 厘米
石存地點：長治市長子縣靈湫廟

〔碑額〕：重修靈湫廟記

重修靈湫廟記

嘗聞先王慎制祀以爲國典，所以崇德而報功，爲國家保安，爲百姓祈福也，而廟宇不潔，亦非所以妥神明焉。近閱長子縣治之西山曰發鳩，有靈湫廟，神曰三聖。聞之三聖，神農炎帝之女也。余嘗搜覽史册，有溺東海化精衛之遺事，當時疑爲异聞。今觀其山名，訪諸父老，始知册史之言不誣。夫炎帝當茹飲之後，開粒食之利，流澤萬世，而尊神復能司雨澤，主漳源，所謂繼先業於罔墜者，德莫大焉；濟斯民於永康者，功亦莫大焉；而利民即所以裕國者，功德又莫大焉。是以世奉敕修，歲享御祭，其崇之也隆矣。開創杳遠，又經屢有重修，幾不可枚舉。但歷久而風雨浸漬，鳥鼠穿鑿，因而殿宇傾頹，所謂妥神明者安在哉？鄉人思焉補葺，畏於功大難成，其朝聚而夕謀者已多年矣。適有橫水里民人王本業等，雖係山野，頗有爲持，生平修建者恒多。而住持普資遂以其事懇之，彼亦慨然而許之。旁觀者咸諤於告成之難，彼則不自辭其艱焉。因而遍募諸鄉，命匠興工。重建正殿三楹，高聳其上；外有山門，所以固神扃也。峙於南，則方丈香厨，峙於北，有子孫祠者，所以廣一方之箕裘。□有府君殿，以□黃山乃伏虎故地，因立祠祀之。殿之北有宫庭廊無，歲時致祭於其下，享神惠焉。居亡而流寇紛擾，雕檐畫□，付之祖龍一炬，爛瓦礫而已。又於南山立白衣觀音堂三楹，繪綵鏤金，焕然一新。是不但完其舊址，而更大有闊充之者也。功厥告成，欲銘諸碑，以其文謁余。余本庸陋，何敢以文事自居？因以謏劣，辭之再三。彼又曰："立碑非所以沽名也，亦非所以市績也。冀後世之有同志者，咸觀感而興起也。□詞之下，□何傷哉？"余遂欣然揮筆，用叙其事以□□。

文林郎知長子縣事關東彭永齡，縣丞關中里秦，儒學教諭王錫□，陰陽官馮堯典，醫官陳朝用，僧官金桂、道官王一□，香老……（以下碑文略而不録）

皇朝順治六年歲在己丑至八年辛卯立碑吉日。

256. 重修石岸并南門記

立石年代：清順治十年（1653 年）
原石尺寸：高 206 厘米，寬 87 厘米
石存地點：運城市新絳縣博物館

〔碑額〕：重修石岸并南門記
重修石岸并南門記

　　□坐臥寨張松日對無事，取三十□時□客……亂爲荆州督務時□水道，惟始漢□□授千數百里……乎。適吾單使君奉天子命來牧茲地，使君燕趙理學尤□經濟□□水……里，蓋至誠□□天歟？即詢父老□□傷按□損循……徐大人計議，確□爲絳東□郡□□水城漕水，即以……延□五里，民賴其利者百年。使君□□焦北……上，上允修，乃多友調理，晝夜□□帥紳□集謀，取石於山……王□□鳩工庀事，抗岩隴□硝鹵，與□□之宋屈□大夫……賴時乃功也。惟時絳□□感恩佩德，堪□其父荙……海經是也。□之功不在禹下，□□取……止，治水一端，課孝弟□□□桑，一……記之，未盡……

　　賜進士□觀吏……儒學……丙戌科鄉進士通……

　　順治十年歲次癸巳中秋十日立。

257. 歷年渠長碑記

立石年代：清順治十年（1653 年）

原石尺寸：高 109 厘米，寬 66 厘米

石存地點：臨汾市洪洞縣廣勝寺鎮廣勝寺

歷年渠長：

正德元年王曇。

正德十二年賈子善。

嘉靖二十一年高廷獻。

嘉靖二十二年張希古。

嘉靖三十三年高尚德。

嘉靖三十四年郭世儉。

嘉靖三十六年李廷彩。

嘉靖三十九年高世熙。

嘉靖四十二年王郢。

嘉靖四十四年刘世芳。

隆慶四年李時芳。

五年楊德林。

六年王朝相。

萬曆二年□廷琅。

萬曆四年李棟。

萬曆五年張文獻。

萬曆六年高貴。

萬曆八年張文貴。

萬曆九年□□樓。

萬曆十年李希白。

萬曆□□年盧□。

萬曆十六年張柳。

萬曆十七年張間行。

萬曆十九年喬棟。

萬曆二十年李朝命。

萬曆二十二年李加全。

萬曆二十三年張文勝。

萬曆二十□年高雲恕。

萬曆二十五年李節。

萬曆二十六年刘邦千。

萬曆二十七年王三樂。

萬曆二十八年張維屏。

萬曆二十九年張從周。

萬曆三十年閆民信。

萬曆三十一年石華。

萬曆三十二年張間行。

萬曆三十三年高紀。

萬曆三十四年張維綱。

萬曆三十五年楊□榮。

萬曆三十六年衛職。

萬曆三十七年郭□□。

萬曆三十八年董廷□。

萬曆三十九年高雲祖。

萬曆四十年張維寧。

萬曆四十一年崔光前。

萬曆四十二年衛國先。

萬曆四十三年張直。

萬曆四十四年張玉美。

萬曆四十五年王大順。

萬曆四十六年李成廉。

萬曆四十七年張玉美。

萬曆四十八年□光□。

天啓元年閆諭。

天啓二年張道統。

天啓三年趙光先。

天啓四年李友桂。

天啓五年王國俊，□修西廊房陸間。

天啓六年王□□，廟前共栽柏十根。

天啓七年□直。

崇禎元年張正儒。

崇禎三年張□，重修牌樓一座。

崇禎四年張日華。

崇禎五年李發春，修關神廟。

崇禎六年楊勝才。

崇禎七年王建極。

崇禎八年王立極。

崇禎九年李□□。

崇禎十年李□□，栽柏□□□。

崇禎十一年高折梅。

崇禎十二年張直。

崇禎十三年張汝才。

崇禎十五年喬啓祥。

甲申年續天才。

乙酉年創克儉。

廓下溝頭高□□、李代李□才。

順治十年桂林坊渠長立。

258. 重修石井碑

立石年代：清順治十三年（1656 年）
原石尺寸：高 220 厘米，寬 88 厘米
石存地點：晋中市太谷區范村鎮上安村

〔碑額〕：重修碑記
重修石井碑

舉大事者不牽於私，動大衆者不庾於俗。無其才則不敢舉，無其力則不克舉，無其量則亦不能舉。具此三□，斯以勝任而無難矣！維□石橋之役，創自先世，乃瀹水之要衝，遐邇之喉路，尤一方之風水所關也。初以檢治微疏、玩情蟻穴，卒之補葺無人，波……井落，歷三十餘紀，浸成溪壑，豈天運使然？實人事不修，辯之不早辯，故也。《易》曰"履霜堅冰至"，不甚信哉！經過其旁者，雖亦徘……長太息而已。族叔好吾公，威稱仗義豪俠士也，不忍令先世遺踪竟而湮没，尤不欲使門庭要路罹兹缺陷，□然□□□□下之憂焉！乃於清皇莅治之十一年，具□於庭，延集闔村尊長仁寰、近槐、弟……資，大舉重葺。然樂行善事人有同然，凡我士庶無不□□□□輸者。因湊千金有奇，糾正營治，不數月，而功告竣矣！……而愉快乎？次年，因地勢卑下，人利灌漑……風，洪濤漲發，尋復竄竊旁蹊，機甚可畏，又一履霜之漸也。公仍不憚勤勞，糾衆而浚築之，不使昔一誤而今再誤也。……故道，水害除矣；履地道坦，行人便矣；虧缺重起，風水修矣。一舉而三善備焉。是以遠近歡騰，□碑載道。使相如過此，應……游，不生哭途之悲！寧獨本境人民，稱慶哉！即經理之……財物不無少肆怨讟者，公獨……則又公之量爲之也。嗟乎！付知罪於不間者，其斯爲公之苦心，其斯爲公之大德已乎！□□人士懷公之苦，感公之德，因爲勒銘以誌。蓋以垂見首之遺恩，非以效燕然之後績也。後之子若孫其名鑒於兹，俾之世世永無騫崩焉，是即公之至願也夫！是即人人之至願也夫！

總糾首：牛國彦、牛學容、牛應廷，廩生員……糾首：牛文戰、牛文詩、牛文芳、牛文晰、牛文頂……

時順治十一年歲次甲午仲春吉日修，至十三年仲夏完……

259. 諸龍泉重修碑記

立石年代：清順治十五年（1658年）
原石尺寸：高105厘米，寬54厘米
石存地點：陽泉市盂縣南婁鎮西小坪村諸龍廟

〔碑額〕：重修碑記
諸龍泉重修碑記

蓋城之西二十里許，山岩下有水一池，池中有龍顯形。水流自龍頭鼻□□，城村人有禱輒應。爰建立廟宇以爲妥神靈、便祈報之，所遂號其山爲"諸□泉"。于五月十七日，諸村人來此慶賀聖誕，相繼以爲常祀，迄于今已非□日矣。近爲淫雨所浸，因之殿宇頹廢，荒于草莽，蕭然不堪神栖，又安望□継爲常祀而風雨以時哉？鄉老張鐸、武鍼等，于是募化，城村善信，慨輸資財。采木伐石，甓瓦陶磚，經營修葺龍神殿三楹，後佛殿二楹，增飾新像，補□舊□，嶽然改觀。功成之日，乞余以志。余因思夫神之澤民者，亦如水之□物，水無往而不潤，則神無往而不之。既有斯神，復有斯水，水者神之應乎，神者水之靈乎！水濤涌而不窮，神因洋洋而如□矣！是爲志。

明歲進士邑人張魁榜撰，男庠生張冲養書，廩生張鼎養篆□。

計開各村共收布施銀七兩六錢四分，前後修補買物料□□米，各匠工價使過十一兩六錢四分，內張鐸……

鐵筆趙福瑞、趙福瑜、李君龍立碑并修補工□。

順治十五年歲次戊戌仲……

260. 增修大王神祠碑記

立石年代：清順治十七年（1660年）

原石尺寸：高129厘米，寬59厘米

石存地點：陽泉市盂縣秀水鎮西關大王廟

增修大王神祠碑記

夫人或睹記反而漠焉，若置風聲逖聽而景慕不忘。置之者，匪人之挈于懷，渠自不足鎸人心耳！不忘者，匪人陰厚之而永其念，乃其□之德之才之大節，奇勳卓卓犖犖，焜耀千古。凡有知識者，無不仰如日星雲漢。是以雖世湮代邈，猶令人罟然思，翼然敬，孜孜然期效忱怳□萬一。晋卿文子，賴程及公□□□士獲全。方弱冠，誅岸賈，復趙氏爵邑，用雪先人骯臟，大累霸聲，靈且布惠，流膏遺休，奕葉歷簡、襄、獻而稱尊南面，則文子之德之才□□□□勛。凡讀史者咸企，即不讀史者，耳大夫學士之誦說，靡不興起欽崇，勤諸夙夜。矧余邑有藏孤遺迹，知爲獨詳，載爲尤切歟！矧雨旱灾□□禱輒應，併禱護佑復無疆歟！則思且敬而懲，惠以效忱，又非一切景慕之可比。余城西建行祠，幾易代矣。臨流甃石，舊無橫壁重門。劉□翁諱生春，暨男户部觀政諱卜者，慨以身任。而餘經兵燹概缺修補，致殿廊圯漏，神像垢黯。張公芝矢願葺飾，未獲竣既。□石公中金等目擊衷惻，力若不逮。乃偕住持法信，向夙稱尚義者鄭公郡等，議糾資踵事，諸公頷之。遂刻日振舉，缺者補之，垢者新之，瑩焉焕焉，無異伊始。比落，謀勒石，丏余記。余思非諸公則事不舉，非是神則諸公不舉，諸公之益于神歟！抑神有以啓其衷歟！然則諸公之功固不容泯，而神之卓犖千古，仰如日星雲漢者，不世湮代邈，終令人思且敬，而孜孜期效忱哉！余及諸公俱逖聽風聲景慕不忘者，獨何所長而能喙，但將糾督暨捐資姓名，詳□石陰，以垂不朽焉爾。

邑庠稟生張朗公撰并篆，邑庠廩生張心養書丹。

文林郎知盂縣事昊皋□垣，標左營守新陆游擊梁汝貴，儒學署教諭亞魁桐鄉趙璋，典史紹興楊世俊。

功德主：張芝、石中金。糾首：張兆藺、劉暢春、劉崇、宋一鳳、鄭郡、李若玉、趙金魁、杜守成、李呈霖、鄭開□。住持：法信，徒圓棟、圓桓。畫匠楊仁、楊心禎、楊心□、榮成祖。油匠張官，木匠靳尚仁、趙進，泥匠王現、徐銀，石匠李才，男李君龍。

兩院屢次補活松樹十株，栽樹人□□、石中金、劉崇、李標槙、李標祥、傅玉、傅保、石□玉、李標福、劉恒泰、傅倬。

順治十七年歲次庚子卯月穀旦。

261. 重修池塘碑記

立石年代：清順治十八年（1661 年）
原石尺寸：高 32 厘米，寬 64 厘米
石存地點：晋城市陵川縣潞城鎮九光村

重修池塘碑記

伏以建社营宇，以補一方之風脉；鑿池砌沼，有益萬代之生灵。九光村西北山岫，有古迹東嶽大庙一院，於庙西傍山下有原根旧池一所。年久損壞，合村衆議重修益後世，以誌不朽耳。

維首：蘇守愛錢五百、工十八日，蘇治玄錢貳千、工二十二，蘇治川錢八百、工二十六，陳國茂錢七百、工二十一。

輸工：秦人傑、秦澤錢一千、工外，蘇治平錢七百、工三十日，蘇守美錢四百、工十二日，蘇守德工十二日，蘇守池工八日，蘇守萌錢二百、工六日，蘇治友錢四百、工六日，李金錢七百、工八日，李明選錢三百、工十日，□治林錢三百、工十八日，李文選錢二百、工十四日，陳□□錢三百、工十八日……陳谷牧錢一百、工七日，郭維城錢二百、工三日。

石工王玉桂刊。

順治十八年歲在辛丑五月十九日立。

清（一）

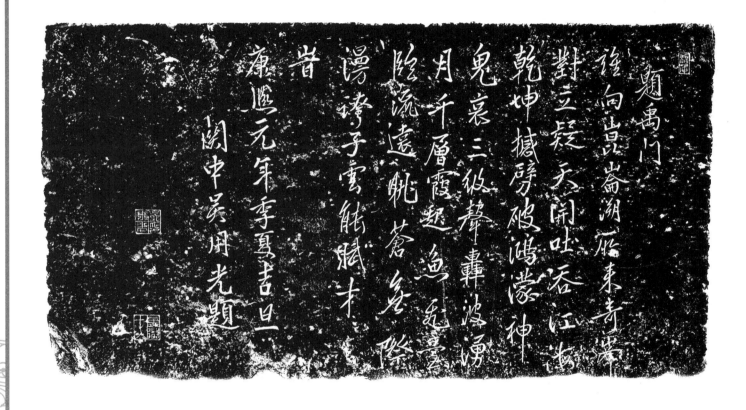

262. 吳用光題禹門詩碑

立石年代：清康熙元年（1662 年）

原石尺寸：高 62 厘米，寬 112 厘米

石存地點：運城市河津市博物館

題禹門

誰向昆侖溯所來，奇峰對立疑天開。

吐吞江海乾坤撼，劈破鴻濛神鬼哀。

三級聲轟波涌月，千層霞起魚飛臺。

臨流遠眺蒼無際，漫誇子雲能賦才。

關中吳用光題。

時康熙元年季夏吉旦。

重修舜陵廟墻垣次創立大門記

263. 重修舜陵廟墙垣及創立大門記

立石年代：清康熙元年（1662 年）
原石尺寸：高 220 厘米，寬 88 厘米
石存地點：運城市鹽湖區舜帝陵廟

重修舜陵廟墙垣及創立大門記

大舜陵寢在前，祠廟在後，然統其規模，共在一墙垣內也。先是祠廟既修，余既爲記，有碑在廟中，茲不贅。獨是周圍墙垣剝落傾圮，入而樵者，至大柏受傷，牛羊從而牧者，至寸草亦濯。雖有總門，纔一間耳，卑隘薄朽，不堪鎖鑰，將明禋一塊土鞠爲芻豎跌宕場矣。有心者惻之，然祠廟之修，業費不資，輸金編户，又不可再乞，奈何？幸而邑宰白公見而動心焉，曰："段干木，此地賢人也，敵人入境，猶禁樵采其墓。矧此千古大聖之陵，村人無知褻越，乃爾此吾王者之貴歟？"於是衰鄉耆而商之，估計其值若干兩，先令周垣林，然而起次，令大門歸然而興。計垣一丈二尺高，三尺厚，共三百三十四堵。而門則三間，前四楹，後四楹。前川廊四楹，中四楹，塞其兩旁。而中開一門，闢則爲共由之大道，闔則爲閨閣之深宮。其東西山墙甃以□磚，爲千年之計。鬱乎嵯峨，氣局形勝，較先大爲改觀。然又皆割俸而爲之，一木一石，不空索之民間，一匠一工，皆同餼之官府，是以子來趨事，奄觀厥成，宜哉！嗟夫！城市村壤之區，不經之祀，外道之家，動以禍福慫恿，然其祠宇崢嶸，金碧奪目，何可勝數。而此人倫大聖法則，攸關陵園頹謝，至此時人未嘗過而問者，不知有幾也。

白公宰邑，政簡刑清，廉明化導，人享唐虞之風焉，斯亦足矣。又慨然興復此廟，而不與俗同，其素所學問與素所崇尚，不愈可知也夫。公姓白，諱意，字獻赤，關西澄城縣人，今升廣西永寧州太守。鄉耆李學伋者，亦有奉令襄事之勞，例得併書。是爲記。

賜進士第、通議大夫、禮部左侍郎兼內翰林秘書院侍讀學士、前弘文院檢討、日記注、纂修書史、會試分房江南、典試侍讀學士、加一級、內三院副總裁、知制誥、欽命皇賑順天府等處察吏安民、賞善懲惡、特行舉劾，以禮致仕里人吕崇烈頓首拜撰，邑庠生郭主都薰沐謹書。

僧人覺正。

大清康熙元年歲在壬寅六月穀旦勒石。

清（一）

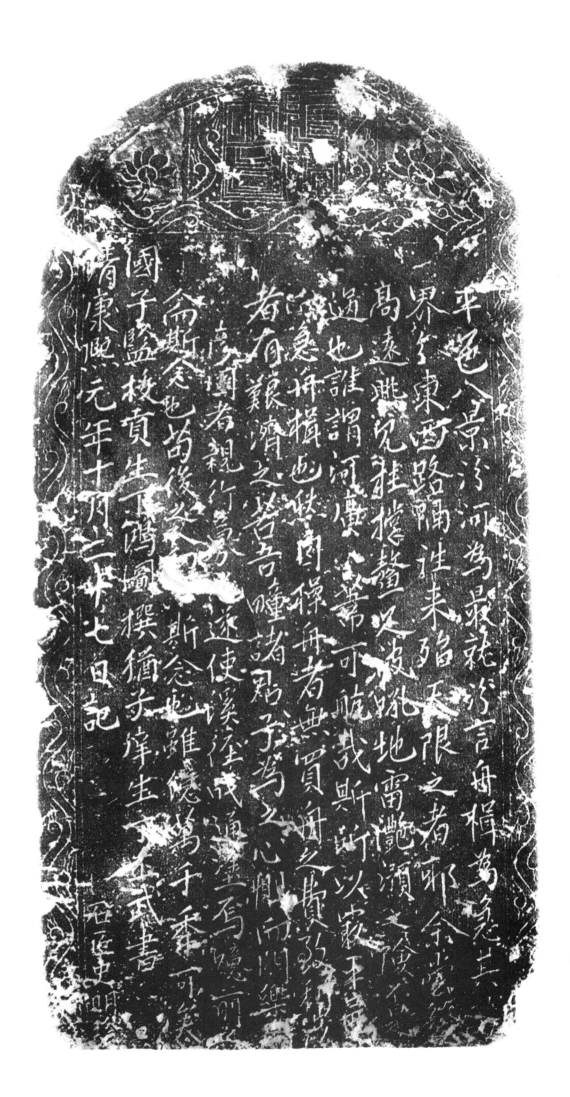

264. 丁村造船碑

立石年代：清康熙元年（1662 年）
原石尺寸：高 80 厘米，寬 38 厘米
石存地點：臨汾市襄汾縣丁村千手千眼菩薩廟

平邑八景，汾河爲最，就汾言，舟楫爲急。其□界分東西，路隔往來，殆天限之者耶。余嘗登高遠眺，見柱撐鰲足，波吼地雷，灩澦之險不是過也。誰謂河廣，葦可航哉？斯所以最，平邑河急舟楫也。然因操舟者無買舟之費，致利□者有艱濟之苦。吾瞳諸君子爲之心惻，而門樂□彥□者，親行募化，遂使溪［蹊］徑成通途焉。噫！前之人而斯念也，苟後之人□□斯念也，雖德萬千季可矣。

國子監拔貢生丁鴻圖撰，猶子庠生丁丕武書。

石匠史明珍。

清康熙元年十月二十七日記。

265. 重修源神廟碑記

立石年代：清康熙二年（1663 年）

原石尺寸：高 204 厘米，寬 77 厘米

石存地點：晋中市介休市洪山鎮洪山村源神廟

〔碑額〕：重修源神廟碑記

重修源神廟碑記

介城東南二舍許有狐岐山，山有泉凡數□□，《禹貢》治梁及岐，蔡注狐岐之山，勝水出焉，即酈道元所稱綿山石桐水。其説近是。山有源神廟，不知肇自何代。考諸徐贇撰碑，云□□□□重建神堂，大中祥符七年重修廟宇。至道三年者，宋太宗之末年也；大中祥符者，真宗改元之年也。迨元至大二年重建，□□□八年重修，趙□撰有碑文可考。則知廟宇之爲水利建也，所從來尚矣。故事令兹邑者必躬親祭奠，歲以爲常。明季縣令王公□萬曆十六年始遷廟於此，構正殿五楹，左右翼以廊廡；前造磚窰五眼，上起樂樓名曰"鳴玉"；東西構鐘鼓樓二所；外建三門，砌以崇臺，左□左構軒曰趨稼；以及官亭、廊房、厨舍，靡不畢舉。其規模弘廠，加於曩昔。緣歲久傾圮，鄉人張嘉秀等遂以乞唯復祠告。蒙道行縣，縣令李公魯委縣尉蔣董理其事，率四河渠長水老人照地釀金，蔵工庀物。居無何，李公升秩，工亦中弛。壬寅癸卯六月，余承之兹土。越明年癸□三月上巳，余與諸僚有事於源神，所以重民生□神惠，遵故事也。觀其廟貌摧頹，詢知其故，爰令糾首張嘉秀等復續前工，凡楔□垣甓之頹缺漫漶者皆治而新之。迨夫丹臒塗□，金碧輝煌，焕然改觀。功竣，乞余爲記。余稽古者，法施於民則祀，以死勤事則祀，以勞定國則祀，能禦大灾、捍大患則祀，極之於□□道路馬蠶貓虎兵師疾癘之屬，凡有功烈於民者，蔑不有祀。匪是□也，謂之曰黷神，則弗福。矧源神粒我蒸民，稅不虧額，介稱□口，其水利與甘霖同功，山澤與天澤配德，厥功懋焉，厥德懋焉，孰□□神陰驅而默相之者哉！宜乎血食萬年，與此泉俱不息也。□於地數多寡，水程遠近，詳載前碑，夫復何贅。遂作樂歌三章，凡祈年祈穀報賽者，令巫者歌之。

其一章曰：

洪惟源神，赫濯聲靈。山澤通氣，牝吐玄津。地順受澤，百穀滋生。分畎達畝，□隰惟均。譬彼岫口，膚寸出雲。崇朝而雨，曰作商霖。

其二章曰：

如規者渭，鳥鼠攸通。如觹者洛，熊耳是宗。勝水如乳，源本石桐。唾珠□沫，其出也蒙。因民之利，謂之曰庸。土愛心臟，協贊天工。

其三章曰：

神之來止，駕言龍駣。懷倶磨牙，雲旂蹁躚。□□□□，粉數百泉。鼓聲紞紞，石簴鐘懸。牲牷既齟，猊褻檀烟。源神降福，世世逢年。

清文林郎知介休縣事東魯濟水吕淑胤熏沐謹撰。修職郎介休縣縣丞汝南李芳春，典史越水高遷儒學教諭翔山陳維新，山東濟寧後學汪起謙沐手拜書。

本村生員張化鵬、張賨奇、貢士張基昌，中河生員董奮惟、王新德、朱□、朱慎鏉、郭元實，西河生員刘竑聖、刘光翰。

東河水老人李光受、張顏奇、任應試、米國才、李國泰。

中河水老人孫享恕、張現士、劉鳳麟。

西河水老人高圖南、楊汝英、刘一忠、刘体宝。

洪山河水老人梁克元、張奉經、張雲鵬、張毓奇、梁生映、吳應彩。

狐村河水老人刘志明、宋養智、刘裔。

住持道士石守初，門徒趙太瑀、宋太理，孫任清境、鈕清玉，重孫燕一貴。

崞縣石匠王三貴、王貴山鐫。

康熙二年仲秋八月。

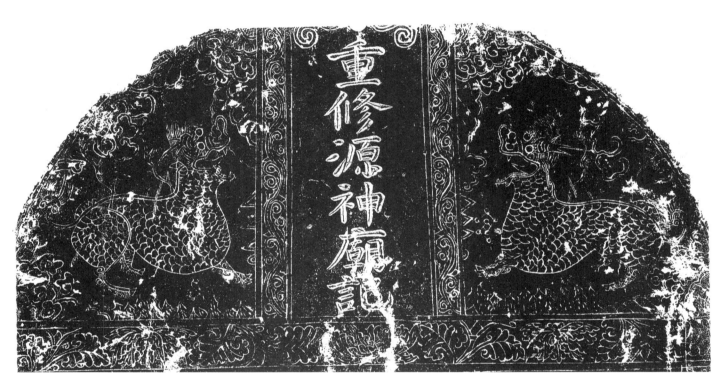

《重修源神廟碑記》拓片局部

266. 重修碑記

立石年代：清康熙五年（1666 年）
原石尺寸：高 123 厘米，寬 69 厘米
石存地點：陽泉市盂縣藏山祠

〔碑額〕：重修碑記　日　月

重修碑記

尝考我盂東北隅，越邑四十余里，有名境□焉，曰藏山。藏山者何？爲大王神藏身灵顯之所也。然厥後建修庙宇，妝塑聖像，凡遇旱灾，禱雨必應。晚近善良長者，於報恩殿前創修捲棚，以爲遠近人禮祀之所。朝殿前起盖樂楼，以爲春秋時祈報之所。延及今兹，年雖未久，而石台傾倒，捲棚斜側，樂楼殘破。皆因本境山高地窄，日月照晚，雨滋露潤，庙宇易壞，遂至禮祀無所，祈報無所。爲住持者目擊凄然，撫心長嘆，日夜憂思，安忍坐視傾頹而不爲之急議修理□？□□□化，莨池村糾首、生員韓國藩等鳩工重建，結構完密，報恩石台化工重整。而日用之資粟，善良微助，事竣不給，住持全輸，所以攻之营之，不日成之。庶幾禮祀有所矣，祈報有所矣。然城村遠近之善良長者，心施財力者，芳名刻石，好名吝予者，再不踵門强化。是以請匠竪石，留音明日，咸知施者不虚、受者有據矣。若夫啓忠祠之創建，作於名宦史公，今日傾倒，理宜重修，但若財粟不繼，難以興工，所以俟後之善良君子。

邑庠韓國藩熏沐頓首撰書。

木石工價米食共費銀玖兩伍錢，住持張一清，男張楊真止收布施銀貳兩伍錢，其余一清墊賠。

生員劉正。莨池大王庙住持李守志。莨池村糾首韓新業、男丁酉舉人韓佑唐，王香，武鎣，楊真寶。

木匠李化，石匠李才，鐵筆李君海。

時大清康熙伍年歲次丙午四月癸巳孟夏吉日立。

清（一）

267. 長安里信士段良進施地碣

立石年代：清康熙六年（1667年）
原石尺寸：高47厘米，寬64厘米
石存地點：臨汾市洪洞縣廣勝寺鎮廣勝寺

□恭□三寶，樹有生之善願；喜捨資財，發一□之菩提。況居茲名山境下，蒙諸佛護庇，頗受福利，愧缺供養，不克報答。願施水地一段，計地新丈一畝□分，以爲早晚香燈之資。誠恐記載無具，難憑永遠，因立一石，堪據不朽，以竟施念之有終始云。

其地一段南北畛，計地新丈一畝七分。東至賈暉，南西俱至埮，北至渠，坐落寺西薛家圪塔。其地四至關明。共價絲銀一拾三兩整。此地願施廣勝下寺，收方管業。勒碑爲照，吉祥□誌。

長安里施地信士段良進，室人陳氏、王氏，男段錦、段□。

時康熙六年七月吉□。

268. 素行主人創建水利橋叙碑

立石年代：清康熙六年（1667 年）
原石尺寸：高 42 厘米，寬 68 厘米
石存地點：晋城市陵川縣平城鎮魯山村

素行主人□□□創建水利橋叙

不佞自江東歸里，常懷補過思，雖不能效古人事，而亦欲盡吾寸心，然心無所在，事有感焉。予每周旋于里道。縣西數十里有魯山村，一路崎嶇，峰回路轉，兩岸減路。時人築土木爲橋，往來者聊以自便。但有木傾而人亦傾，土陷而人隨陷者，頻令人目及心傷而惻然也。思欲□□道塗，法竹橋舉。入而謀，□吾弟□□、伯兄□一、侄司銘晶，僉曰：可也。予曰：爲善于家，不若同人爲善之爲大也。復謀諸親友如段五采、郭齊、□長昇、段花辰、□□、魯人、郝國治、馬呈圖、郭可林、張熹廣、張國大、張國□、郝汧、王加齊等，僉曰：無不可也。是以募□有人，出力有人。吾鄉之紳士、商民□量力資之者有人，義之所在，隨即感父母而動先生，急上急下議助議捐。故□康熙丙子二月□□，丁未四月告成。東距吾邑，西至魯山峰，昪日山徑之崎嶇者，今稍爲平坦也；舉昔日之斷橋□□者，今似亦不病涉也。予又恐世速人湮，究不免有覆倒之憂矣，□位神永奠，以了吾一生心事云爾。

269. 源神廟置地碑記

立石年代：清康熙八年（1669 年）
原石尺寸：高 144 厘米，寬 59 厘米
石存地點：晋中市介休市源神廟

〔碑額〕：源神碑

源神廟置地碑記

源神者，源泉之神也，所以司禍福，贊造化，沛濟乎一方，注泽乎群生之神也。然廟宇之設，從來遠矣。明季萬曆十六年戊子之歲，邑令王公始遷建于兹，迄今八十餘年，廟宇幾經傾圮。揆厥由來，惟贍養無地，住持乏人，而失□經理故也。此誠缺典矣。噫！神之惠人至矣穷也；人之于神焚修無資，豈所以妥神灵報福泽哉？時順治八年，住持道士石守初募衆重修，功將成而物故；其徒宋太□苦守二十餘年，衣食不足，衆思欲安全之而莫之为也。幸逢邑令潘公，豈弟君子，民之父母，敬神愛人，其素志也。于康熙八年己酉之三月初，躬承祭祀，睹廟宇之頹敗，而慨然樂更新焉。愛憫道士貧寒，而为之批據云：神功泽及萬民者，祀理應資助，置産以計久長。准着各渠長、水老人，從公布施，以奉香火。誠曠代盛舉也。于是，糾首張嘉秀等募於鄉衆，或照地输資，或任便捐金，置地若干畝。庶足乎贍仰而焚修有賴。其先，人非神無以告福，神非人無以妥灵；然則安人即所以妥神也。今而後贍養有地，住持不至枵腹，而焚修告虔，神灵日佑，神泽日永，民因以殷，物因以阜，果何为而致此與！为之頌曰：

巍巍高山，神栖其麓。流膏布液，澤及萬物。潘公之德，惠我神人。與山俱高，與水俱深。

勒珉謹誌。

知介休縣事蕪江潘戀達，本村府庠增生張化鵬沐手撰書。

縣丞陞廣東封川縣知縣天中李芳春，起意糾首張嘉秀。

石匠李荣昇刻。

住持道士石守初，門徒趙太瑀、宋太珵，孫任清境，重孫燕一貴。

康熙八年己酉仲夏吉旦立。

重修廟碑

270. 重修源神廟碑

立石年代：清康熙八年（1669 年）
原石尺寸：高 165 厘米，寬 67 厘米
石存地點：晋中市介休市源神廟

〔碑額〕：重修廟碑
重修源神廟碑

《易》曰："陰陽不測之謂神。"又曰："神也者，妙萬物而爲言者也。"故□福澤及物者尊而爲神，立祠祀之，君子雖創□焉可也。矧前人爲之，後人詎不可因而繼之哉！邑東洪山村，狐岐之山勝水出焉，即《禹貢》所載"治梁及岐"。□□泉名鸞鸞，廟曰源神，其創建之始，年遥代遠，殊不可考。至明季萬曆十九年，邑令王公狹小前人之制，而始遷建于此焉。構正殿五楹，左右廊各三楹；面造磚窯五眼，上起崇楼，題曰"鳴玉楼"，左右構鐘鼓楼若翼；外建三門，砌以崇臺，左構軒云"趨稼"；官亭、祠宇及其厨舍靡不具備。其規模弘廠，較昔倍甚。是役也，始於戊子之夏，成於庚寅之秋。其經始之艱，且難盖如此。後之人過廟而生敬焉，感神惠也；觀碑而樂道焉，頌公德也。迄今八十餘年，廟宇傾頹，□像塵垢。清朝定鼎于順治，八年間募化重修，好義樂輸者固有，而飲流忘源者不少，是以功將成而中止，過往君子莫不慨焉。幸逢蕉江潘公莅兹邑，政簡刑清，雅重民事，于康熙八年三月再祀神廟，見藻彩未施，勃然動重新之意，爰及李二公共襄厥事。時李公陞封川縣知縣也，感神惠之無疆，念民事之攸重，延各河糾首督推錢穀。不數月而告成焉。迨夫金碧輝煌，丹臒塗塈，弘廠之規模煥然復新矣。語云：作始者難，爲功繼起者易。爲力數十年來，衆言鼎沸，反成築室，不有毅然之李公，則潘公之美意竟成畫餅，而王公之德澤亦幾湮没矣。孰謂繼起之功不與作始者等哉！嗣是而介民之飲流享利者，莫不家户户祝以頌王公者，頌二公矣。是爲記。

介休縣知縣潘懋達，縣丞陞廣東封川縣知縣李芳春，儒學教諭張尊美，典史高遷，府學增廣生員張化鵬熏沐撰。縣學生員侯度蕭熏沐書。

本村河糾首生員張化鵬，信士張嘉秀、張雲鵬。東河糾首生員張應堯，生員孟之英，信士李國太、宋國才。中河糾首生員董奮帷，監生王新德，生員康英佩、秦汝玉、程付恩。西河糾首信官高圖南，貢生劉竑聖，生員武纘謨。

住持道士趙太瑪、宋太珵，門徒任清□，孫燕一桂。

石匠李荣昇立。

時康熙八年歲次己酉季冬吉旦。

271. 雙鳳山五龍泉石刻

立石年代：清康熙十一年（1672 年）
原石尺寸：高 39 厘米，寬 60 厘米
石存地點：晋中市壽陽縣雙鳳山廢寺遺址

五龍泉。
康熙十一年歲次壬子仲夏吉旦。
功德主張仲琭、吴國玘新建。
乾隆四十五年歲次季春重修。

应王神社谷付碑而思为期各行致遂此正祭
又有排屑一端但以地祗恩之其带守□市来投此
合行出示禁黄为此示仰南霍渠平长並各村募頭
知悉嗣后备性祭献不得指科排房遂娶欽淮煞
谋行奉

敢列刻右碑永为遵守毋浮刻□牲品齐娶
祗遵查出定行拿宪究不觉有慎之慎之须至告
示者

計開 正祭所尚于后

一口重四十觔 價銀壹兩貳錢

蜜盘一掉 價银叁錢

均足二個價银捌分 油燭一對 價银肆分

真酒二學 價银别分 以上共银一兩八錢

十月十五西庵奉祭 九月初九曹生龍祭

八月十五東庵奉祭 以上祭品但照清明第一例

清明佳節粟長祭 三月十八日渠身奉祭

五月初五道觉卷祭 六月初六日双頭奉祭

一每鄉渠長祀五觔 茅司胙四觔 河村海頭

昨三觔其曹生東子祀三觔

一廟户胙一觔 □□□□二的工食銀□□

赵城縣事八閣陈後卿 典史王庭劃 工房后英

南霍渠粟長吴宗用 非司紫袤林

道觉程生員闫完玉 双頭洪頭李成羊

東庵洪頭王雄荣 西庵洪頭□□□□

熙十二年二月十一日立店

曹生溝頭

272. 水神廟清明節祭典文碑

立石年代：清康熙十二年（1673年）
原石尺寸：高50厘米，寬70厘米
石存地點：臨汾市洪洞縣廣勝寺鎮廣勝寺

員衛淑瑗等呈稱"本□□□應王神社，各村溝頭遇清明等節致祭。其正祭之外，又有排席一端，俱派地畝，懇乞禁革"等情。前來據此，合行出示禁革。爲此示□南霍渠渠長并各村溝頭知悉：嗣後備牲祭獻，不得指科排席，邀娼聚飲。准照議行。奉□胙，刊刻石碑，永爲遵守，毋得刻減牲品齋褻□祇。如違查出，定行拿究，決不寬宥。慎之慎之，須至告示者。

計開正祭品物于后：

豬一口，重四十斤，價銀壹兩貳錢；蜜盤一桌，價銀叁錢；蒲紙二百，價銀壹錢；均足二個，價銀捌分；油燭一對，價銀肆分；奠酒二壇，價銀捌分。以上共銀一兩八錢。

清明佳節渠長奉祭，三月十八日渠長奉祭，五月初五道覺奉祭，六月初六日雙頭奉祭，八月十五東庵奉祭，九月初九日曹生奉祭，十月十五西庵奉祭。以上祭品俱照清明節一例。一、每節，渠長胙五斤，渠司胙四斤，四村溝頭各胙三斤，其曹生亦□胙三斤，廟戶胙一斤，樂戶胙二斤，工食銀一錢。

趙城縣事八閩陳履鄉，禮房劉璋，典史王庭訓，工房□英。南霍渠渠長吳宗周，渠司柴叢林。道覺立石生員藺完玉，雙頭溝頭李成翠，東庵溝頭王惟恭，西安溝頭張進魁，曹生溝頭□□□。

□□□刊。

康熙十二年二月十一日立石。

273. 奉贊北霍渠掌例高凌霄序

立石年代：清康熙十三年（1674 年）
原石尺寸：高 64 厘米，寬 90 厘米
石存地點：臨汾市洪洞縣廣勝寺鎮廣勝寺

奉贊北霍渠掌例高凌霄序

嘗謂：心不足以格神者，其誠未至；功不足以垂世者，其功不大。予家，趙邑桂林五甲人也，族叔高凌霄，幼習儒業，未獲成名，居家孝友，接人謙恭，鄉黨閭里之間，靡不稱爲藹藹吉人。於是城東霍山，山下有泉，灌溉一邑之地，萬民之生命係焉。闔縣之縉紳士庶，共推治水之職，遂薦邑侯陳老爺，恩賜掌例。霄初任斯役，即謁神廟，見其殿宇荒蕪，聖像毀壞，霄即惻然不安，因出己資，而修理之。其振動妝飾，不可一端而記。至於治水有條，而上中下俱沾勤勞之德，略無爭競之隙。歲登大有，野被同人，皆凌霄日夜靡寧之所致也。其敬神勤民寧有加乎！予不敢爲族叔溢美也，謹據實以誌。

歲進士吏部候選高啟祚撰。

金妝正殿内龍王神像并穿袍。五彩關聖□神三尊。補修正殿并掃舍。修淘海場。建修月臺、東西磚廟二座，并周圍花墻。新漆香桌一枝，又添龍泉水二□。栽活柏樹四株。

渠司趙士彦、水巡崔生貴、住持道實、道興、廟户道文。

（以下姓氏人名略而不録）同立。

康熙十三年十一月□日吉旦。

清（一）

627

274. 雨後復游洪山泉記

立石年代：清康熙十三年（1674 年）
原石尺寸：高 33 厘米，寬 60 厘米
石存地點：晋中市介休市源神廟

雨後復游洪山泉記

介休三篇文字：綿山奇險，自足壓卷；洪山泉正而嫵，次之；義棠魯般橋上亦一韵處，又次之。舍此而外，不足留一瞬也。綿山宜雪，尤宜雪霽，從天半撩青披白，是峨嵋嫡派；洪山泉宜雨，尤宜積雨，萬聲砰磕，亦水靈之府也；魯般橋則宜月，尤宜殘月，在淡烟縹緲之間。此余之私評，要後之韵人才友亦莫更余評者。適於雨後，復有洪山泉之探，未及石同村而潺潺者瀉出於兩耳之間，似謂王生復來何暮也，真廣長舌哉！至村橋畔，盡可一雲林筆意之亭，無奈蠢牛是造麵楼，手段爲之堆塞，僭額吾鄉萬壑爭流。然峰回砂轉，於竹樹陰翳中，激湍奔壯，佐以水碓環舂，轟雷破耳，雨餘果愈震也，而尤趣絶。過村幾百武，白濤從田間層級而來，如尺帛丈絲，皆蛟人所織；有從坡上來，覺螫蠆難行，參差縈繞，似畫家名手故作拙筆，以頓挫分其遠近語默也；有從澗中水來者，瀏瀏如净，喁喁如咀，或左或右，或隱或現，現而近者響反細，隱而伏流於石竇中者，如鸚鵡入甕甕中，弄舌作洛生咏，又如風雨雜陳於黯靄之夜，相商崇語，不大明了，勝彌漫出跳作碎珠濺玉也。坐源神廟橋上，仍看古桃一樹，令羽士挹泉試茗，片刻清福，慚愧享受此身，非晋非唐，覺勞生夢，夢於晴日風霆中參出泡影幾何，桃花一番紅淚又爲王生泣下也。遥見柳根半爲水浸，波洄，余特近之，以影送入泉中，殷勤洗濯，骨毛爲之灑淅，余其爲魚乎？始悟洪山泉文字，取第二卷，是“素以爲絢兮”之題。蓋洪山泉是素，而雨則其絢焉者也，亦當定評，以波瀾獨老成矣。余快其，故歸而記之。是《水經注》一小則也，可以流香千載矣。史公諱紀事修邑志，詩文收者絶少，得此兼可備後賢之録，余故選石以鑴之。同里弟金應玉跋。雨以泉爲絢，自是邑翁師創論，焕則以爲此筆爲泉之絢又甚於雨。泉無盡，筆亦與之無盡矣。

山陰王鼎起、王邑補著。門人山陰劉焕謹跋。

275. 重修白龍祠記

立石年代：清康熙十四年（1675 年）
原石尺寸：高 163 厘米，寬 80 厘米
石存地點：大同市渾源縣恒陰白龍王堂

〔碑額〕：重修白龙祠記

□嶽之背，渾邑之陽，去城數里許，蜿蜒盤曲而上，又二里迤□若□恒巔，形坐高崗，右□平地舊有白龍祠。創自先朝，維恒之靈，興雲布霧，潤澤南畝，共一方之民社祇□雨而介穆□□，婦子盈寧，以穀我士女者，匪淺鮮也。

矧天子有祈穀之典，率土蒼生禱祠而求者，建廟奉□，□□福澤矣。啻我邑地居邊塞，土高風寒，非藉雨暘時若之助，□足以謀室家？第廟歷年深遠，□□摧殘，榱桷蕩然，墙壁圮壞，不蔽風雨，神儀爲之變色，櫺户盡廢無存。禮祀曠邈，時多鳥□□□；蓁荊塞道，勝地久致荒凉。野樵俗子，踏瀆實甚。運際陽九，修理□典。凡游憩者不勝離黍興嗟，而神明果其無恫乎。歲在甲寅春，道衲衛清泉栖遲恒山，目擊神傷，遂謀衆善李逢榮輩，鳩工庀材，乞募諸士。增築墙垣三十丈，闊其前制，改修大殿三楹，東西凈室六間，左右□□□樓，大門一峙，砌以石級。舊有道院，葺爲厨舍，殿宇覆以鳥革，聖像莊以金碧……以塗塈。丹堊輝煌，燦然爲之改觀。晨鐘夕鼓，□焉□之美備。神明肅瞻視之威，廟貌壯瑞麗之色，較昔日所不相逕庭也哉。逾乙卯夏，其工告竣，道人揖余前曰："廟工厥成，爰勒石以垂不朽。"今後之駿奔廟中者知其所自終，并以誌捐資者之弗湮也。余唯□愧不斐，其何□辭。是爲記。

渾源州知州宣成義，吏目王再祥，渾源城守備張進奎，渾源州儒學蘇篤慶……

（以下碑文大多漫漶不清，略而不録）

康熙十四年歲次乙卯五月上浣之吉日立。

崛峒重脩多福寺記

晉陽令城逾汾水之乾三十里許守延村兄山崛峒者山之巳也及羣巒盤旋之勢非九龍棋翠之屏壽

松傘蓋異栢子毋紅葉現中種之纍龍池藏四時之瑞谷口應扵百音浮堵兆扵四芳誌公衆之首

也昔嘗有閭黎二祖乃文殊之事予也卓錫焉此觀彼山鶯地靈欲樓而乏水觀謁文殊大士受巨荈勺

隨處匪瞽而開之鱗躍泉湧清流一泒自今稱爲聖水也扵斯始祠蘭若歷代以來其名崛嶂聖境多福頭

禪林即五臺之右院也晉主諸王之善場也緇素延綿大藏宗風遇甲申歲遭發羣兵發蓋經所

地僧者众至荆棘宛延而已矣庖者莫不愴四民豐和爲無協力扶贇整頮者余曰奈功浩浩非希肉外

堂埒各他方炎遮塵容里老臨者众至龕瓊朝德化四民豐和爲無協力扶贇整頮者余曰奈功浩浩非希肉外

舉然而不悅其有行者原任持沢代之法扶永宗字竟一爲本邑八氏幼而在彼披剝今晚以歸去衆和方

忍苦爲本見利懷慷恕切思栽等既右捐粟金之外每施血力之勤不辭胝蹷赴江工自立亥始

不息勸募附近闢顏忻意爲佛子當報佛恩以即充衆謁衆盟矢悲慨然脩葺延

至丙辰屐結葦燦然一新功成告竣營敞如故則叢林重興焚脩有地晨鐘暮皷交二音以銅鳴祝延

基永萬種之盃概保裕氏社露思利樂輸貲檀樾四海流芳暢緣慈第三祇行滿噫施財有盡獲福無窮其

此狸言山西糧匝驛傳道布政司僉諡加六級邢振岳額

督理山西糧匝驛傳道布政司僉諡加六級張所志譔

文林郎知陽曲縣事加一級

正綂年...

清康熙拾五年歲次丙辰孟夏吉旦

經理師叙

晚學沙門眞慈沐心書

募化住持

276. 崛𡼥重修多福寺記

立石年代：清康熙十五年（1676 年）
原石尺寸：高 146.5 厘米，寬 79 厘米
石存地點：太原市尖草坪區崛𡼥山多福寺

崛𡼥重修多福寺記

晉省會城逾汾水之乾三十里許，呼延村兑山崛𡼥者，山之岊也。及群巒盤旋之勢，亦九龍拱翠之屏，奇松傘蓋，异柏子母，紅葉現中秋之景，龍池藏四時之瑞。谷口應於百音，浮屠昭於四方，予晉誌八景之首也。昔嘗有闍黎二祖，乃文殊之弟子也，卓錫莅此，觀彼山簪地靈，欲栖而乏水。觀謁文殊大士受匣，示曰："隨處匣響而開之。"鱗躍泉涌，清流一派，自今稱爲聖水也。于斯始創蘭若，歷代以來其名"崛𡼥聖境多福禪林"，即五臺之右院也，晉主諸王之善塲也。緇素延綿，大藏宗風。遇甲申歲，遭寇之變，兵燹疊經。所項頹圮，僧各他方，焚修廖寂，塵客里老登臨者莫不慘目惻衷，視此勝境其不至瓦礫丘墟□□者幾希，內外堂墀者亦至荆棘菀筵而已矣！嗚呼！我朝德化，四民豐和，焉無協力扶資整頹者？余曰："奈功浩浩，非獨易舉。"然而不悦其有行者。原住持次代，法枝永宗，字竟一，乃本邑人士。幼而在彼披剃，今晚以歸，出衆和方，忍苦爲本，見刹荒疏，心懷慘惄，切思"我等既爲佛子，當報佛恩"，以即庀茶謁衆，盟心矢志，慨然修葺。寒暑不怠，勸募所獲。附近里人，人人開顏忻意，若捐粟金之外，每施血力之勤，不辭胼胝，竭蹶赴工。自辛亥始，至丙辰結，幸爾焕然一新。功成告竣，營敝如故。則叢林重興，焚修有地。晨鐘暮鼓，交二音以鈞鳴，祝延基永，萬秋之丕極。保裕民社，沾恩利樂。輸資檀樾，四海流芳。暢緣兹蒭，三祇行滿。咦！施財有盡，獲福無窮。具此俚言，永貽後彦。鐫石俱載，垂古不朽云。

督理山西糧屯驛傳道布政司參議加六級張所志撰，文林郎知陽曲縣事加二級邢振嵒額。

正功德主：順天府□愛……楊家……水峪村……向陽店……呼延村□人賈光華，左營守備姚……天門關巡檢司樊……楊家村糾首劉光奎、陳應兆、劉慧、王朝、王閣……宋思伏、宋聚伸。呼延村糾首王洋、張雲、何化龍、張進伏、王奉禄、張國方、王國雨、張國泰、王教、張國泰、李永仙、張國威、李齊、賀之貴、李國正、張實、何現節、張祥、溫大善、胡大成、白自仲、張先登、王明禄、張國珠、賈國耀、張月、張斗南、李万奇、賈明德、張盤、張安、李國禎、張明高、白通、王增、何定、賀祥、李茂盛、張晋、白本、賈通、張雨、白焕秀、李白奇、范聚枝。

木匠：王桂、王成、陳万云、陳万雨、何峰泰、何應太、陳增、陳庫、李茂、郭之善、郭之花、王進文、李蘭、李自桂。韋陀殿施工木匠：王成，男王金茂、王金玉、王金枝。鐵匠：李尤龍、李存龍、李秀、李拱、李花、李惠、李坤、李元貞、李安、李金滿。塑匠：段相、段玉、段魚龍、段魚鳳、段魚亭、段魚虎。画匠：刘登魁、刘官、王命成、王金。瓦匠：王進表、石□。泥匠：李万官、李鼎、李遠、李芳、李厚。施前碑石匠：白成元、白成善。此鐫文碑：白成銀、張惠有。施鐵筆匠：張一貴、李茂□。

經理師叔海玉、晚學沙門真桂沐心書，募化住持永宗立石。

大清康熙拾伍年歲次丙辰孟夏吉旦。

277. 崇寧宮創建溉田磚井記

立石年代：清康熙十六年（1677 年）

原石尺寸：高 42 厘米，寬 64 厘米

石存地點：運城市解州鎮關帝廟

崇寧宮創建溉田磚井記

聖賢祠宇遍天□，舉薄海内外戴髮含齒之倫，靡弗竭誠而□□之。吾解爲聖賢湯沐邑，廟祀□天下，歷代奉敕修葺，□□子□□香火百數十□，□名以崇寧，分以東西兩宮。贍道衆衣食者，田百□十畝，春耕夏籽，較雨量□，一如老農畚鍤焉。間或旱魃爲虐，則禾皆□□。雖穿井桔槔，稍盡人力爲溝澮，亦復時成時損，不能垂永久。諸全真扼腕而嘆，撫膺而惜，匪□日因□費不資卒成道傍，舍誰復有隨指成泉、畫地爲河者，以潤我廟畝枯苗也？歲當丙辰，京商陳諱昌言者，施銀八兩三錢済道衆。往諸善□□施予道衆，遂瓜分自胰，公事不與焉。適攝道記掌故爲李仁處，是固素號敬慎勤敏，公正廉能，道服其品行，而□官私目查，嘉其能守清規者也。聚道衆而謀之，吾輩仰給於田土，束手於亢旱，勿耽目前小利□百年圖久遠。分其區勢，相其高下，區爲五井，甃以磚石，俾吾崇寧道世世沐澤焉。衆皆舉手加額稱善，僉謂：仁處不以私害公，不以小遺大，不利己、不損人，而所造於崇寧，亦曷有□極落□□日。道衆欲壽諸貞珉，以告四方，□□□□德於崇寧，并以告崇寧後之護道祝者。□□一言，予愧不文，即摭其實以復之。當時同效力者，王德皆、宸□□、張義尚、董本勛、楊義報、張仁準、薛本曉、□□柏、張義鼎，不敢没其善，併記云。

郡人貢□李拙士撰文。

柏木材銀一十一兩八錢四分，小松木材銀一兩一錢，柏木板銀二兩二錢。

石匠寧如彩，闔宮辛德熊、樊正派、劉仁偉、王仁化、李仁彦、姚仁豸、劉□料、李本烈、張本孟、宸本齡、□□運、張仁俞、裴仁祝、張義高、□義□、荆義永、郭義盖、靳禮回、李禮□、董禮代、高禮軻、王禮惺、李義調。新舊掌教李仁處、高仁睿。住持連本慎、庫頭李本□。宮門李本□、下庫王本□。同立。

創建磚井五眼，共使用銀二十四兩七錢六分。

時康熙拾陸年歲在丁巳仲春穀旦。

278. 題北霍渠渠長衛公小引

立石年代：清康熙十六年（1677 年）
原石尺寸：高 55 厘米，寬 68 厘米
石存地點：臨汾市洪洞縣

題北霍渠渠長衛公小引

蓋聞霍水之利賴民生，由来久矣。是水也，天生之地成之，神司之，而人理之者也。理得其人美種穗者，有婦子之体樂倉廂者，有士女之穀而更稱頌之□著之未有也。人之所係，顧不重欤！吾邑霍山有明應王神者，受累朝之封，而春秋血食，享兩郡之祀，而世代烟香。建立廟宇，敦崇祭典，所以昭德而報功也。內有官廳三間，因感歲月相延，傾圮不堪，我衛公輝山諱紀勛者，識任水務，當焚祝之餘，目擊心皇，慨動重修之舉。擇吉起工補葺，煥然一新。又因各村溝頭辦祭，居身無所，周圍創建廂房九間、馬房二間、門樓五間，而人與物俱有所依矣。資出，現頭公助，而經營調劑，則微公之力不及此。更可嘉者，因節年承祭掌例，舍館靡定，捐自己之資，創造磚窑三孔。又將應用器皿，逐件置辦，無一不備。於是風雨無飄搖之嘆，應用鮮缺略之虞，謂非我公之遺澤遠哉。所云理得其人，美種穗、樂倉廂，而稱頌之表者，不信然欤！今厥工既竣，故勒石以垂久云。

賜進士第文林郎福建知漳浦縣事貢生劉復鼎拜撰，倅輔謹書。

住持僧道興。

洪洞石匠張朝石、張尚冬、樊勝。

督工溝頭李培弘、張應斗、□□□同立。

時康熙十六年歲次丁巳季春三月望日謹誌。

清（一）

本村東門外觀音堂內有古跡有龍王
殿几獻羊有膻氣污濁菩薩面前故責
不便村中人李奉在心另修無由兹有
當歲娘致拾捌兩公議南院創建正殿
三座內塑龍王等神六尊功程浩大錢
糧不敷另募本村人扶梯成等畫墙姓
名開列於後
胡承孝 卞廣居 胡健
胡兆弟 安乾明、張自法
字柱春、朱恒益、胡三捉
蔚天使、宋國斌 以上各施銀貳兩
胡承運、馮嘉佐、馮嘉佑
張天衢、胡承教、胡宗典 以上各施銀伍錢
妝跪頭銀一十一兩九錢一分穿井修
鼓樓下剩銀三兩二錢二分显常數銀
九十八兩扶梯成事費墙三項銀二十
五兩通共教銀一百三十八兩一錢三分
修龍王殿三格塑像八尊禪堂客院通
共使出銀一千四百四兩八錢七分
康熙歲次　　　殿旦立

279. 修龍王殿捐銀碑

立石年代：清康熙十六年（1677年）
原石尺寸：高35厘米，寬55厘米
石存地點：呂梁市汾陽市博物館

本村東門外觀音堂內古迹有龍王□殿。凡献羊，有羶氣污濁，菩薩面前褻瀆不便，村中人拳拳在心，另修無由。兹有常数銀玖拾捌兩，公議南院創建正殿三楹，內塑龍王等神六尊。功程浩大，錢糧不敷，另募本村人。扶梁、成尊、畫墻姓名，開列於後。……

胡承孝、朱廣居、胡健、胡承弟、安乾明、張自法、李桂春、朱恒益、胡三捷、蔚天德、宋國斌，以上各施銀貳兩。胡承運、馮嘉佐、馮嘉佑、張天衢、胡承教、胡宗典，以上各施銀伍錢。

收疏頭銀一十一兩九錢一分。穿井、修鼓楼，下剩銀三兩二錢二分，并常数銀九十八兩。扶梁、成尊、畫墻，三項銀二十五兩。通共收銀一百三十八兩一錢三分。修龍王殿三楹，塑像八尊，禅堂一院，通共使出銀一百四十四兩八錢七分。

康熙歲次丁□年秋穀旦立。

清（一）

280. 趙城縣正堂加一級品爲優獎渠長王周耿碑記

立石年代：清康熙十七年（1678 年）
原石尺寸：高 60 厘米，寬 102 厘米
石存地點：臨汾市洪洞縣廣勝寺鎮廣勝寺

趙城縣正堂加一級品爲優獎渠長王周耿碑記

趙邑弾丸，民事農業，幸霍水灌溉，永享粒食。屢歲司水有人，公溥鮮著。今戊午歲，士庶褒舉王渠長就中董事，不惟系毫不染，抑且革去冗弊。本縣爰有心于獎勵。方欲舉行，適有闔縣鄉民公具善□，欲勒石碑，不敢擅專，預爲懇奪，與本縣爲民之意隱相符合。歷驗所列條款，准令立石，以垂永久。

一、古來有難灌地畝，弗得合時耕種。今歲盡灌遍野青苗。
一、淘渠各頭看望，今歲自備口飯，并渠司、水巡不擾溝頭。
一、閏月祭祀、朔望，俱係自備祭品。
一、胡麻東西等村辦祭，將折儀銀，分文不受。
一、打煎禮物一切自備，并無指稱發價，攤派一渠。
一、初一、十五兩祭，有酒席費用，令止備一品菜。
一、上年淘渠，三坊納餅犒夫。今歲自備，未曾攤派。
一、春秋二祭，免各村家使等物。
一、三月十八，上寺免各村溝頭、夫役伺候。
一、逢祭上香禮銀，止依碑文，不敢過額。
一、二月初一祭陡口、初三日復印酒席，一切革去。
一、大棘等村清破渠堰未曾呈報，口食俱係自備。
一、各村溝頭有饋送禮物，一切屏絕。
一、各頭工食照依碑文會領，分文不短。
一、納領祭銀平出平入，系毫不染。
一、天雨浩大，衝破渠堰，修理煩多。設法緩催，無害一人。
一、逢祭祀，止令合渠人隨班宿壇，并無歇家□費。
一、自己與住持僧人銀肆兩，爲焚修費用，不攤合渠。
一、逢備祭，開買貨単，有請渠司、水巡等，一概革去。
一、逢開閉陡口，不分晝夜巡查，點水不擾。
眷生賈暉書。
（以下姓氏人名，略而不録）
時康熙十七年十二月日吉旦。

641

重修八龍神廟碑記

281. 八龍廟重修記

立石年代：清康熙十八年（1679 年）

原石尺寸：高 140 厘米，寬 65 厘米

石存地點：呂梁市汾陽市峪道河鎮下池家莊村八龍廟

〔碑額〕：重修八龍廟碑記

八龍廟重修記

竊見今之記事者必言形勝，往往用汾水出山等語，以爲富麗可觀，然未免誇大而鮮實，誠爲愚之所不取也。夫記事須記其所記之事，或創或因，神之功德，人之賢勞，與夫地方之頹而復捄，使□□相傳之而不朽，則華言之何如質言之爲愈乎？如我郡慶雲鄉王化□下成庄村，有八龍神廟，建造不審其時，即八龍之神亦不知顯示何代。意者有功於社稷□物，血食萬代，澤庇一方，興雲致雨，威靈赫赫。凡我汾民，有求必應，妙如影響。余鄉俗尚儉樸，業重務本，然而因天之時，獲□之□，罔不神功是賴，是以尊之崇之，爲祈報之祠耳。第歲月久而廟宇漸敝，基址闊而規模未成。里人張□□□，每懷重修之意，奈連年焚修無康居，故住持不得其□。本里覺慈寺住僧性成，慨然募緣首倡，與□□□五相商，□請天宮寺僧化塵爲住持，兼理其事。於本村集財鳩工，募化四方善者。土木興於前，丹艧施於後，正殿、樂楼焕然一新。西添龍母殿一座，建鐘鼓二楼，爲根本之地。東起禪堂三間，兩楹府庫各□，爲永遠焚修之所。歷數月而廟貌聖像爲之改觀。事遂勒石，祈余言以記之。余思人有善行，神必降康。是舉也，乃因乃創，光前人之業。棟宇重新，神道彰矣，聖母增建，坤德隆矣。且僧舍振理，香火資矣。然祈年於斯，報成於斯，形而後協氣布焉，風雨時焉。歲登大有，人樂飽暖，禮義敦而孝弟興，可謂六府由之而修，三事由之而治，則奕葉之綿遠。荷神之功，食神之德，曉然□□衰扶弊者，何時賢而且勞者何人，又奚必侈言汾水卜山等語，以誇形勝也哉？是爲記。

邑庠增廣生員夢巖□調□謹撰，邑庠儒學生員人介武建隆謹書。

糾首：性成、張天昇、張天鶴、張天正、張天廣、張天□、張國盈、李九□、□□才、□□□、孔志德、張國彪、張國忠、李長隆、張國棋、張國□、張國鳳、張國凰、張國錫。

本廟住持化塵。

大清康熙十八年歲次己未姑洗月吉旦立。

282. 賀跋村南池創建玄天上帝廟碑記

立石年代：清康熙十八年（1679 年）
原石尺寸：高 204 厘米，寬 78 厘米
石存地點：晉城市澤州縣大東溝鎮賀坡村

賀跋村南池創建玄天上帝廟碑記

天一生水，第五行之初，滋萬卉、長百穀、育庶類也。星列玄武，官次司空，撫三辰，施天澤，居四民，時地利，水之時義大矣哉。

賀跋村夙乏井飲，汲水往還數里許，艱已。善計者開澤以潴，父子妻孥便焉。池甃石于種樹，每雨餘日霽，頗足怡目。其南方存隙地，村之良士趙君玟等願建祠奉神，永鎮福水。爰僉議鳩金，特肖玉虛師相容。厥殿竣，厥廡敞，厥垣堅，厥門壯，莫弗孔肅。於戲！趙君等斯舉曷其有旨歟！

玉虛師相于星爲玄武，于官爲司空，所謂滋萬卉、長百穀、育庶類者，是耶非耶？繼自今，祭祀以時，神之聽之，而挹水於泉，如川之方至。賀跋村父子妻孥，飲天澤，食地利，以似以續，續古之人不亦生生無疆矣夫！

郡學生陽阿如客成周佐沐手謹撰，里人塗鴉似童趙廷弼拭目敬書。

金頂原會積金善人二十六家銀數、工飯開後。

（以下功德主姓名及施錢金額略而不錄）

283. 修繕運城記

立石年代：清康熙十九年（1680 年）

原石尺寸：高 315 厘米，寬 100 厘米

石存地點：運城市鹽湖區鹽池神廟

蓋天下鹽因□皆□，郡縣蓋因財賦率重，不能慢易，視□而□。□名都大邑以爲庇□以繕城浚隍，與□飭防□圍之□，咸有司存……聞□□與職□奇□歲□，至於佩□□以從事乎。□□備□□□□以書畫諸受□□文□入□□□責已□矣。河東賦額□□□於□□而□所縱出者，□□□□，故□侯……未□弗便，而後於安□□路村適□□腹□□等□功用□□之，以斃此□來□□南出門□□也。……命城□置□□師儒□業□籍□才剖□□臺郡若之□□□及陽捕廨□，以至壇單，祠廟之屬，莫不其備。而紳士□□之□□，四方百……秋，清茵□□有……庶事咸……差，例請命皇帝，敕語□□仕□河東鹽□目揣搩□□又飲冰，惟無以勝任吏□對揚，作命□□晨征，每懷靡及……務之廢弛……隍裏之築者□□□址雉堞□，而村□毀，洶□□可□而需□□□也，□與無城同耳。今夫果□之□，尚固其藩籬甔石之儲，亦謹其扃……欽命而後轉輪匪伊□□之□，而防衛戒備□□如此，不……巡門□□□□勿□□□入條□上便宜□事中……昭下大司農議，照州縣□功□地方官酌構修□□□□同以□□縣規盡我……商則以池被水患鹽販□連爲……即坐□□□□□□實同次□□□所制諸賈□閏……焉忍法驅而威迫之，諸如此類……流，役不可緩，宜戒道旁之舍，□□□□之謀高……嚴城是賴，興廢舉墜，政之善經，敢不唯命，遂相……給寧稱貸，以益□奚患無成，爰度□料甕亞□目而□之□南□□□□陶□□□範□灰□其□而膠之也，□而弗竪。于是授工……工冶，爰召匠石，通計九□十三步之□□資任……七百□□□□肇□□□□竣各□鴻賓，用磚以箇計凡十五萬五千……百有奇，蘆葦以□計凡□三千四百□十有奇，米□□計者有□□□有奇。他若鐵、麻、竹□□□□□者，俱不載。周城之頹壞需修者……九丈有奇，垛□并欄馬墻以丈計凡一千三百七。□□四門之按□□□頹敗者，□整治□。故然後□司有必依□□露宿第謹……先於事□□無憂，此承舉□□之意。□通會□料□以兩計凡□□□五百七十有奇。余□□□□盡高□，惜以□□□集事督……

巡按山西等處□察□□加十一級前翰林院庶吉士曾寅撰。

康熙十九年□□□日穀旦。

黄河流域水利碑刻集成 · 山西卷 三

284. 鹽池石工記

立石年代：清康熙十九年（1680年）
原石尺寸：高298厘米，寬106厘米
石存地點：運城市鹽湖區鹽池神廟

……池炎……減籲于大果，甘霖……與慶……百堵却如□如□墻不盡……池以日內……爲命□□諸路長承其事，書……有不墮，山不崇，數不□□不憲……醜池落在條山之麓，一□□□勢若建瓴，□□□□□實有所避之□夫。□□神使明以妨……以□爲常，欲持……而永寧余何敢措一省視，創建之舉，令民僕□□□□□煩也，遂敬神□□陰□公與余偕□□原隰□□審……堰而公議，當起石臺二座，三分……須獲堰長堤一條，以折其悍，而杜其溢□□也。……蟻穴焉，□□要害數□，灰……易易耳。而其九里堰在東面者，石根傾□□□□□北面其基□□□□□齒不虞噬臍……諸僚□按……佐□□慨□□。功始於閏……余復與孫公核其成功，磚石工計長三百□□□□五尺，土工□□□□□丈三尺，磚計用□□□□六尺三□□五□□條六百三十四丈，灰一十四萬一千七百一……兩有零。是役也，前院雍墅李公曾具□□□十年以前，余□□□平業□加潤色者也。□□諸僚不容泯□□□□乃請于……制曰可事下大司農。而□僚乃進余請□役不逾□順也，念不忘遠□也，工不勞民□也，官□□□殷也，而往不再暮□也。奈□□□傳於後世，當一言勒諸貞石……物于高□□下以川谷道其氣，而陂□污庫鍾其□。今條山俯視，此池池□下，如龍抱珠，容水一加，則陽伏而不能出□道，而不能烝，何靈氣之，不濛漫也。余不墮不……之內外相固，□□□美也。將氣不沉□□不□□□其□□□國課民勞，庶有裨乎。然……暘六氣之和，消□旱之灾也。有生之命，貢詭譎品，惟在聖心。調□□化淳燿，余區區補葺鑪漏，毋言功□。惟時楊司農□芳實經營之，運長暨□時省試之，而……得并書云。
……吳楷撰文……孫□書丹……王國□篆額。

285. 重修湯帝廟中社碑記

立石年代：清康熙二十一年（1682 年）

原石尺寸：高 230 厘米，寬 84.5 厘米

石存地點：晉城市陽城縣東冶鎮東冶村成湯廟

重修湯帝廟中社碑記

吾陽成湯聖帝廟，在在有之。盖相傳析城爲聖帝禱雨處，以故都邑遠邇，歲祈聖水於析城山，藏之行宫，春祈秋報，爲一方兩澤之司。本社大廟亦行宫也，凶荒兵燹之際，崇禎伍月拾伍日，流寇有數拾萬人馬，□至小城。河東，數拾餘村；河西，老天漣漣下雨，沁河水漲月餘，不能行船。未得過河，在河東殺人，屍山血海。年老男婦殺死，年幼男女搶□，□□□焚，宰殺牛羊，騾馬搶去，男女投河落井無數。有透風窑洞躲避者，存留十中有二三人。八月十五日，復從西來，前至濟源交界，後至□□交界，賊寇者萬有餘……窑洞躲避者加火燒出，老弱者投崖，殺死少壯者男女，搶擄六畜，牛隻盡殺斷絶，鷄犬百里無聲，前後無糧難聚。至八月二十□日起程，搶□河南地方，至六年十……馬蹄窩黄河水橋竟過河南，遺下一隊人馬未過河南，在於西老爺山前堂、後堂住扎往來混，後日招安。七年，因賊寇混亂，古有成湯聖帝大廟改修爲寨，以避□寇。八年至九年，人民復業，安生開荒。十二年，又被蝗蟲遍飛，將田苗吃盡。本年八月内復生蟲蜹，麦苗未得耕種。十三年，老天大旱，田苗斷青，人民饑荒大變，父母兄弟妻子六親不能相顧，人吃人，年十中只留一二，死亡至甚。後至順治十二年歲次乙未，人□□安，先□□□□馬一知等議舉，□寨拆殿，重修成湯□帝大廟。工成未完，屢年廟貌頹圮。本朝定鼎以來，時和年豐，居民亦漸繁庶，而廟貌頹圮如故，匪□□弗寧居，而春秋享祀亦非所以敬答神庥也。社老馬心存等議舉又重修葺而更新之，庀材……兩角殿、東西兩廊、武樓三門修理，堕塑金妝繪畫，一時并舉。營繕於康熙七年戊申，丹堊於康熙十二年歲次癸丑。工既告竣，復謀立碑，以垂永久。

（以下碑文漫漶不清，略而不録）

時大清康熙貳拾壹歲次壬戌夏季月吉旦立石，永垂不朽。

286. 繕修碑記

立石年代：清康熙二十一年（1682 年）
原石尺寸：高 167 厘米，寬 53 厘米
石存地點：晉城市澤州縣南嶺鎮西龍村

……碑記

世之不信幽明者，謂□雨陰晴，皆天地自然之數。《詩》曰"圭璧既卒，□莫□聽"，非神力之所能致也。而余曰不然。神者，申也，申己之功亦能申人之意，精意以享者無不驗。夫天以理民之權寄於陽位，而天下蒙其治；以庇民之心委於陰位，而天下□□生。如五日一風，十日一雨，天之運即神之職，倘有愆期，猷畝膺其害，而禋祀之隆，恐有未忍受者也。體此□者，□□龍□專，神龍以司水，神以司龍，或潛或見，或躍或飛，龍之德也。神……雲行雨，施疾遲□。□龍之用也。神不可不□，而今已預之審矣。

爰考本邑，在三代以上曰陽陵、曰陽□……濩澤，在唐天寶迄今曰陽城，名不□也，而□□其間，朱紫聯綿，文章雋麗，農商奉法，樵采恬情，人不……佑之之心則一，潦則暵之，旱則濡之，□護變遷，若與士民□愉戚。

請言其已事可乎，統宰茲土，兩越春夏□。□歲魃□愁人，隨叩隨徵，已傳異鄰封。今年又值□焚，四月幾望日，幸遇神誕□，具誠祭告，□沛立施，方行示禁屠門而興雨，祁祁皁我田□。所云福隨事見，報逐心來，即桑林之禱，迅不及此，寧□旋□天樞之力哉？

昔有梁僧說法，一老叟赴筵，器宇不凡，僧認之曰："赤地千里，何不布雨？"答曰："江湖山澤俱系□，□敢擅行。"僧曰："吾硯水可□？"曰："可。"遂□研，吸水而去。是夕甘霖遍野，水□皆黑。次日諸比丘詢其姓氏，僧云："昨聽□□龍主也。"由是思之，神龍固能變化，在感之者。誠與不誠，烏可任其自然，如越人視秦人之肥瘠哉？今我賢神以元德發祥，上與天合，不資於僧，且不藉其硯而能效如，影響豈不右□□□，凡在紳袍士庶，將何以酬之？

陽俗無龕不□，無誕不歌，而獨遺此恩，神殊□缺典。今與父老約，若候屆崧辰，交相□□，歲歲如之，留爲著令。況四月□麥秋農節，一以□觴，一以祈穀，省費侑靈，莫便於斯。近因重新廟貌，伐石記功，□□及之，敢曰解□在時，而可以無文自外乎？

文林郎、知陽城縣事□平張彝統拜撰。邑庠生暢中樂書。

文林郎、知陽城縣事張彝統助銀貳兩，典史金蘭芳助銀壹兩，□部左侍郎加二級田六善助銀拾兩。

誥封通議大夫、經筵日講官、起居注、翰林院掌院、學士兼禮部侍郎、教習庶吉士陳昌期穀拾石。

吏部驗封、清吏司員外郎加一級田七善助銀貳兩，辛酉科亞魁白心畿助銀壹兩，誥封太宜人衛門賈氏助銀壹兩，闔學庠生張子□、趙周鼎、劉胤鳳、白□等助銀肆兩。

康熙二十一年壬戌皋□。

287. 大神頭重修龍王尊神碑記

立石年代：清康熙二十二年（1683 年）
原石尺寸：高 165 厘米，寬 72 厘米
石存地點：臨汾市鄉寧縣西交口鄉大神頭村

〔碑額〕：重修

大神頭重修龍王尊神碑記

　　凡廟之有碑，非徒飾其文辭以壯觀也，蓋一則著神庥之完庇，一則昭民力之普存。其幽明相□，所以爲法於天下，可傳於後世者，至深遠也。黃華峪內大神頭古有龍王神廟，因年久傾圮，難以奉祀。有善士景嘉雲等，於康熙丁巳歲共發虔心，除自己庄人施舍外，再募緣於隣村。竭力修輯，更新廟貌，迄今工已告竣矣。竊思不溯其原委，無以顯神佑之功；不紀其事實，無以彰民效之力。夫神功□何□天之生物，雨以潤之，水以漑之，而後稼穡興，此皆仰賴於神者也。茲神所居之廟，上流接桑平頭，下流通小神頭，源深流長，萬民以濟，□爲功孰大於是，民力維何。蓋立廟格神，創之於前，修之於後，而後功果完，此皆俯藉乎人者也。本村所創之廟，前人經營以創其始，後人□輯以成其終。開先繼後，神明以妥，其效勞孰過於此。由是觀之，何可不溯其原委而紀其事實也。因……等，索碑文於余。余不辭固陋，特按幽明，感召始末，相成之由，掇爲數言。俾鎸之於石，以示天下後世之敬奉龍王者。

　　（以下碑文漫漶不清，略而不錄）

　　康熙二十二年二月二十二日立。

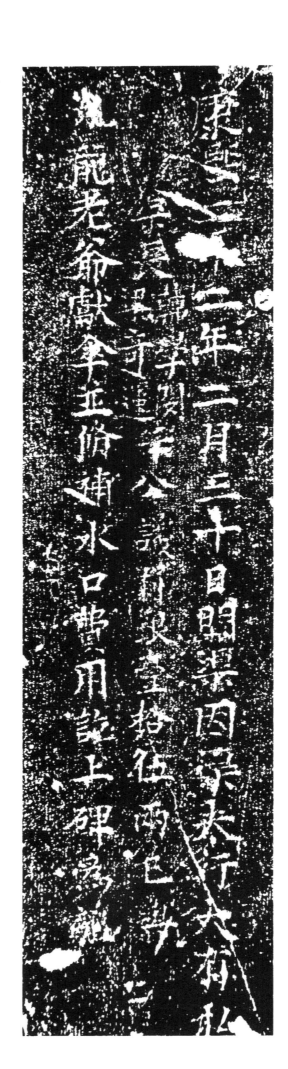

288. 因砍掀水口罰銀事記

立石年代：清康熙二十二年（1683 年）
原石尺寸：高 120 厘米，寬 30 厘米
石存地點：臨汾市曲沃縣

　　康熙二十二年二月三十日開渠，因渠夫行大有私，渠長韓學閔、梁奇運等公議：罰銀壹拾伍兩，已與九龍老爺獻傘并修補水口費用。訖。上碑爲記。

清（一）

289. 重修雙鳳山聖母祠并新建寢宮龍洞碑記

立石年代：清康熙二十三年（1684年）

原石尺寸：高170厘米，寬70厘米

石存地點：晉中市壽陽縣雙鳳山

重修雙鳳山聖母祠并新建寢宮龍洞碑記

聞之莫爲之前，雖美弗彰；莫爲之後，雖盛不傳。凡事……聖母祠乎哉！夫祠之由來久矣，創建不知何代，重修不知……而産五龍。其始末前已載之甚詳，姑不具論。特以其能出雲……异耶，俱未可知。獨是每逢歲旱，鄉人虔誠拜禱，有祝輒應，猶若影響者。嗚呼！……而修之固急。所謂千載一舉，亦確有驗。間嘗……者每不能無遺憾已。維我大清定鼎以來，郭公雖有梳洗之舉，牌坊之設，然僅足壯……山中，□至見廟宇傾圮，神像毀□，不覺慨然上祝曰：若早降甘霖，願……張公所記又已屆十年期矣。杰乃毅然自任曰：是予之責也，夫是予之責也。……諱丹者，願作總領以共事。於戲！是固人心之答報有由，而實神工之應感……無所建立則湮沒而無聞。凡景而無所補葺，則殘缺而不彰。況神而無所……諸聚，聚曰然。然惟公所行焉。於是早作夜思，竭財力大經營，乃盛建寢室三楹，以……西朝廈，弗惜資也。一切廢者興之，闕者補之，革故鼎新，靡不煥然改觀……稱完璧矣。自是神以景而益靈，景以神而愈顯。將見前有千古，廡無不……感神之恩，念公之勞，爲之永貞於勿替也。是又予之所厚望……

文林郎知壽陽縣事孫起綸，典史王名世，儒學廩膳生員……

時康熙貳拾叁年歲次甲子肆月吉旦立。

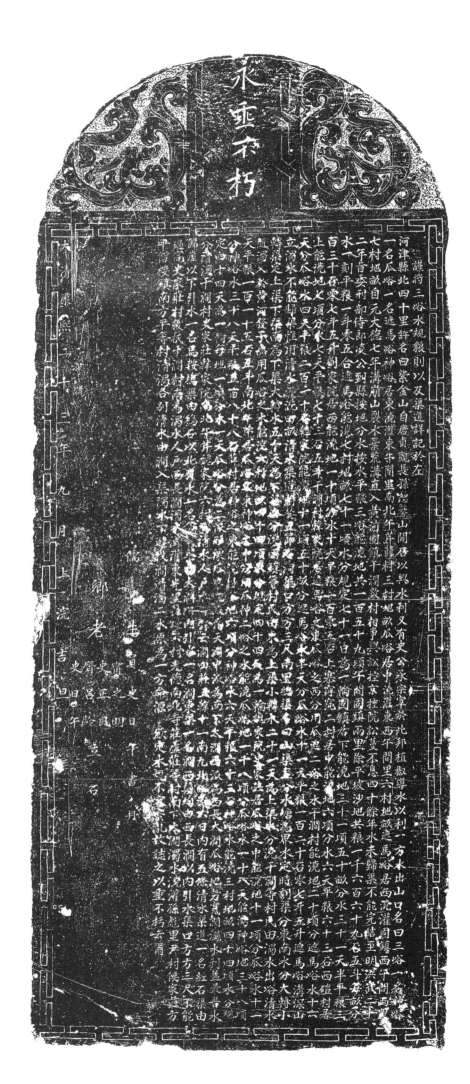

290. 三峪水規碑記

立石年代：清康熙二十三年（1684 年）

原石尺寸：高 165 厘米，寬 66 厘米

石存地點：運城市河津市樊村鎮干澗村

〔碑額〕：永垂不朽

謹將三峪水規粮則以及渠道詳記於左：

河津縣北四十里許名曰紫金山，自唐貞觀長孫恕鑿山開石，以興水利。又有史公承宗宰於此邦，植椒導水，以利一方。水出山口，名曰三峪，一名神峪，一名瓜峪，一名遮馬峪。神峪居東，澆灌東午間里、南北午芹、薛村三村地畝。瓜峪居中，澆灌東西午間里六村地畝。遮馬峪居西，澆灌固鎮、西午間兩里七村地畝。自元大德七年，溝崩山裂，水弃荒溝，直入黃河。固鎮、干澗數村相争興訟，控京控院，訟蔓不息四十餘年，水未歸渠，不能完結。至明洪武二十二年，旨委刑部侍郎凌公到縣，按地分水，按水平粮。三峪能澆地共一百五十九頃，午間、固鎮兩里除平坡沙地，共粮一千六百六十九石五斗，每畝分水一刻，平粮一斗零五合。遮馬峪能澆七村地畝七十一頃，水分規定七十一日爲一輪。固鎮居下，能澆地三十一頃五十畝，分水三十一天半，平粮三百三十石零七斗五升。劉家院居西，能澆地一十頃，分水十天，平粮一百零五石。上寨、穿窈二村居中，能澆地六頃，分水六天，平粮六十三石。四磑村居上，能澆地七頃，分水七天，平粮七十三石五斗。干澗村、韓家院居遮馬峪之東，瓜峪之西，分用瓜、遮二峪之水，干澗村能澆地二十頃。分遮馬峪水十六天，分瓜峪水四天，平粮二百一十石。韓家院能澆地十一頃五十畝，分遮馬峪水半天，分瓜峪水十一天，平粮一百二十石零七斗五升。遮馬峪溝深山立，濁水不能歸渠，惟用清水灌溉田畝。清水渠道則荃五節□洞渠口，方方三尺，兩里總渠名曰山渠，至分水塘爲界。水定時刻，渠分東南，水分大轉小轉，渠定上渠下渠，南爲下渠，大轉水五十天，爲下渠□分，澆固鎮等村民田。東爲上渠，小轉水二十一天，爲上渠水分，澆干澗等村民田。濁水出峪，清水隨濁入於黃河，發于無用。瓜峪之水能澆六村地畝四十四頃，水分規定四十四天爲一輪。魏家院、史家莊居瓜峪之中，能澆地十一頃，分瓜峪水十一天，平粮一百一十五石五斗。南北□芹居瓜峪之東，神峪之中，分用瓜神二峪之水，能澆瓜峪地一十八頃，分瓜峪水一十八天。能澆神峪地三十八頃，分神峪水三十八天，平粮五百八十八石。薛村居神峪之東，能澆神峪地六頃，分神峪水六天，平粮六十三石。神峪水能澆三村地畝四十四頃，水分規定四十四天爲一輪，每地一頃，分水一天。瓜峪分爲三派，形象瓜□，□派爲天澗，中派爲南下大澗，西派爲西長大澗。瓜峪地勢寬闊，濁水利益最普。水分清濁，干澗村、史家莊、薛家院、南北午芹、魏家院六村爲清水人户，水□□□云澗四莊五韓，十一南九北，□□六日内，有五條清水渠道：一名紅石渠，由節崖以下引水；一名馬鞍塢渠，由鴉石以北引水；一名□□渠，□大澗以内引水；一名澗東渠；一名澗西渠。均由西長澗以内引水。渠口方方三尺，不能過高。史家莊村後抵干澗村，南爲濁水人户。西長澗濁水澆灌東光里□□六村，光德、南北寺莊、蘆莊等村南下大澗濁水澆灌。孫彪里尹村、侯家莊、方平、僧樓鎮、南方平等村，清濁各別。清水由澗入渠，濁水下游投澗。清濁二水原爲一方命源，欽定水規，不容紊亂。故誌之，以垂不朽云爾。

儒學生員史日午書丹。

鄉老：甯之明、史正風、齊吕齡、史日午立石。

大清康熙二十三年九月上浣吉旦。

291. 水掌例者李穀械功德碣

立石年代：清康熙二十三年（1684 年）

原石尺寸：高 46 厘米，寬 64 厘米

石存地點：臨汾市洪洞縣廣勝寺鎮廣勝寺

從來之掌水利者不一人也，從來之美掌例者亦不一詞也，然類多言過其實，每爲有識者之竊笑。吾今就一名實克副者以表揚之，可乎？□義渠長李翁字文泮諱穀械者，其爲人篤實醇愨，制行誠正，見之於夙昔者不勝細述。甲子歲，公舉渠長，矢公矢慎，拮据勤勞。革去積弊，裁汰濫□。不饗口腹，不愛資財。祀神盡誠，待人以恭。天灾告警，而惕勵愈至。自四月至七月，大旱不雨，人人慮種植之难、禾苗之槁，而翁治水盡瘁，灌漑周遍。田野資水澤而暢茂，青疇沐水波而歌功。可謂濟時之艱難，人之所難者矣！今事已告竣，各村感德，欲誌不忘，索余爲文。余若溢詞以美，誠恐笑人者爲人笑也，特取其實行實德以表著之。謹付貞珉，以垂永世云。

增廣生員籍聖業、羅彩、喬鍾□同頓首拜撰。

李奉林、賈君仁（以下六十五人名略而不録）。

渠司湯全美，水巡賈光勝，廊下梁直才、李祥云、張明禄頓首拜。

石匠陳加章。

時康熙二十三年歲次甲子季冬吉旦。

清（一）

663

292. 通濟橋記

立石年代：清康熙二十四年（1685 年）
原石尺寸：高 32 厘米，寬 88 厘米
石存地點：運城市夏縣禹王鎮司馬村關帝廟

通濟橋記

嘗稽之《夏令》，辰角見命，司理成梁通道途，優往來也。茲地曩有木栈，越丙午歲，緣水漲圮矣，耕作者行且艱甚。因糾衆議茸，同心樂輸，不旬月而工告竣焉。用勒石以誌不朽，并輸資人開列於左。

邑庠廩膳生員盧珏撰并書。

（以下布施者花名漫漶不清，略而未録）

首人：盧文錦、盧來祥、盧維屏。

石匠：張鳳岐。

康熙二十四年四月吉日立。

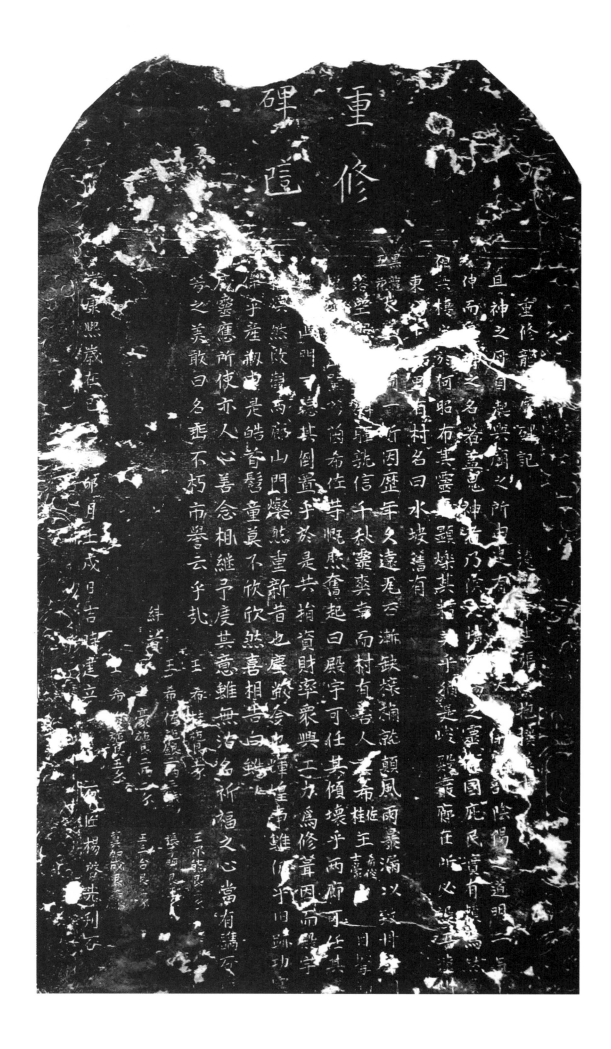

293. 重修龍王廟碑記

立石年代：清康熙二十八年（1689 年）
原石尺寸：高 116 厘米，寬 52 厘米
石存地點：晋中市左權縣芹泉鎮水坡村龍王廟

〔碑額〕：重修碑記

重修龍王廟碑記

且神之所自起與廟之所由建，有……剖陰陽之道，明二氣□伸，而鬼神之名著。蓋鬼神者，乃陰之精□、□之靈，□國庇民，實有賴焉。然□神無栖宇，於何昭布其靈□，顯爍其精美乎？猶是峻殿嚴廊，在所必設。吾□州東□□□里有村，名曰水坡，舊有黑龍、五花□□□□一所，因歷年久遠，瓦石漸缺，榱桷就顛，風雨暴漏，以致丹□□落，空照□□□暉，孰信千秋靈爽？幸而村有善人王希佐、王希桂、王希俊、王士豪目擊□□□□壁苔茵。希佐等慨然奮起曰："殿宇可任其傾壞乎？兩廊可任其□□□？山門可聽其倒置乎？"於是共捐資財，率衆興工，力爲修葺。因而殿宇□楹煥然改觀，兩廊、山門燦然重新。昔也塵敝，今也輝煌。事雖仍乎舊迹，功實傑乎産創。由是皓首髫童，莫不欣欣然，喜相告曰："雖□靈應所使，亦人心善念相繼。"予度其意，雖無沽名祈福之心，當有鎸石□芳之美，敢曰名垂不朽，市譽云乎哉？

　　□□庠生張□抱撰并書。

　　（以下布施人芳名略而不録）

石匠楊啓先刊石。

時康熙歲在己巳丁卯月壬戌日吉時建立。

黄河流域水利碑刻集成·山西卷 三

668

294. 成湯廟化源里增修什物碑記

立石年代：清康熙二十八年（1689年）
原石尺寸：高160厘米，寬84厘米
石存地點：晋城市陽城縣文物博物館

成湯廟化源里增修什物碑記

里之有社，本古人蠟饗遺意。後世踵事增華，相沿成例，陳錦繡，設珍玩，窮水陸，排優伎。預其事者，中人之産，鮮不因以破家，雖論公之急，無以逾此，識者憂之。惜民賢令，維風鄉獻，未嘗不時一念及其如習俗移人，未能盡革何？間或雨陽愆時，旱潦一見，愚夫婦咸致咎而祈報未誠，饗賽有缺，井里皆然，堅不可破。士大夫謂帝以六事責躬桑林，遺澤千百年，猶在人耳目間。崇報之思，何可曠也？曷思帝之澤在民，昧其爲澤者適以病民；民之思在帝，侈其爲報者殊難格帝。惟度力而行，量能而止，無忝帝德，無滋民累，庶不失歌幽擊壤之麻，是在留心風教者，有因時維救之思焉。今歲成湯廟例應化源里迎神換水，適上台及邑大夫有禁，其事暫寢。二三社者相與謀曰："取水之舉，事關祈報，應在雨澤，何可廢而不舉？邇來儀仗殘缺，緣舊相仍，歲耗民財，究於社典之需，一無所補。令雖罷迎饗之舉，曷若以其所費之資，□爲什物，使後之迎饗者壯美觀瞻，可經數十年之用，不猶愈于耗而無成者乎？"僉曰："可與爲□□無成，不若治爲美觀也。"遂欣然從事焉。諸袍傘旗幟，計其所費，共數銀四十兩有奇。諸社老求余一言，記諸石，恐其久而遺失□可查稽，諸社老舉事之心，亦不可報也。本社捐資社首及有功于社者皆得列名焉，併所製什物詳□於後。是爲記。

賜進士出身資政大夫户部左侍郎加二級致仕田六善撰。

（以下所製什物名單漫漶不清，略而不録）

康熙二十八年歲次己巳六月吉旦。

295-1. 重修聖母龍王關聖廟碑記（碑陽）

立石年代：清康熙二十八年（1689 年）
原石尺寸：高 136 厘米，寬 66 厘米
石存地點：太原市婁煩縣蓋家莊鄉萬子村聖母龍王關聖廟

〔碑額〕：□□萬歲　　碾子樹碑記

重修聖母龍王關聖廟碑記

粵自開闢之原，輕清而上浮爲天，重濁而下凝爲地；秉陰陽之所生曰人，與物合天地之功運曰鬼與神。是以天地鬼神，總皆一事之渾名也。且夫春秋迭運，造化發機，天地即□，鬼□□□消長，進退存亡，鬼神殆非天地乎！迨自□明□尊崇佛教，始立寺廟於中朝，然後人設而祭獻有方，神獲而□□得所。下民動念於一匊之間，上蒼決意於九霄之外。故孔子有云：鬼神之爲德，其盛以乎？視之而弗見，聽之而弗聞，體物而不可遺。使天下之人齊明盛服，以承祭祀。洋洋乎如在其上，如在其左右。嘻！鬼神之道信不誣矣。茲因本村三台、關聖、龍王廟三所，創自明季以來，年深日遠，風雨傾頹。幸值上人化武，道號達玄，年雖少壯，意懷叟德，不忍坐視將爲瓦礫耳。會集本村信氏人等，議□重修。募集資財，稱其農暇。謹涓四月上旬起功，今及九月，終將聖像廟宇整飾如新，煥然可觀。請告成功。自是神喜人歡，必獲民安物阜。孰謂夫为善者，天匪報之以福乎！□宜刻名鑄德，垂照千古，以示後之感發者無窮焉。今將功德糾首、施財衆姓人等花名於後。

趙胤昌撰書。

功德主：趙特盛、男趙□□、孫男□□昌、趙必昌、趙光昌、趙大昌，趙恒元、男趙鋼、趙鐸、孫男趙之相。

糾首：趙恒信、趙恒仁。本村施財信士：趙國儒、男趙世昌、孫男趙鐵，趙國賓、男趙嗣昌、趙裔昌、趙繼昌、趙運昌、趙伏昌，趙鐙、男趙之梁、趙之柱，趙國傑、男趙富昌、趙□□、趙恒新、趙恒玄、男趙鑛、趙鈺、趙録、趙鋭、孫男趙之枰、趙之模、趙范友、趙奴兒、趙三狗、趙恒堯、男趙成兒、趙鈞、趙二小、趙鐃、趙恒青，劉建洛、男劉秉伏、刘戊辰，郝月，邰亮、男邰狗半，趙鐵汗，王悰、男王存來喜，張起福，趙拱、男趙春問，趙□官、兄趙興、趙旺、趙三、趙頂、趙春文、趙狗□、□黑□、趙臭汗。

丹青強室成、男強寬。

泥水匠宋復興，木匠馬伏龍、馬伏喜，石匠牛天業。

募緣僧人：化武。住持僧人：化禎，弟化宝、化福，侄徒演俞、演雲、傳壽、傳用、傳精，徒化盛、化德，徒孫演洪。

關聖廟功德主：赵恒德、趙鑒、男□□、男趙之棟、趙恒□、男趙□。

康熙二十八年十月十六日同立。

295-2. 重修聖母龍王關聖廟碑記（碑陰）

立石年代：清康熙二十八年（1689 年）

原石尺寸：高 136 厘米，寬 66 厘米

石存地點：太原市婁煩縣蓋家莊鄉萬子村聖母龍王關聖廟

施財衆姓人等陳列于右：

興縣施椽信士：王斗基，男王榮高、王榮□、王□禄、王榮公，孫男王称見。

士米庄：糾首王顯、男王進美，任大權，王曇、男王銀虎，王晏、男王頑皮，王老虎，王進善，王飛、男王福□，任奇榮、男任大節，高洪，殷明，刘書，羅采，田世榮，任守忠，刘義，李認，李茂茉，羅元，韓應禎，郭才，韓應祥，張進法，張虎，蘭門程氏，殷啓室，郭謨，李富川。

周家窰：周尚萬、周鶯、周鳳、周騰、周鵬、周臣、周明昌、周極、張怀英、張怀香、馬守禄。

□乱坡：景享、景厚、景秀、王□、王梧、王三晋、張三亮。

干溝村：任大治、任其元、李汝名、閏秉禄、王□□、李興貴、趙進禄。

独自村：李云林、徐亮、高興旺、李英、王伏貞。

楊家窰：高應興、康汝山。

新窰村：李天伸、張鳳。

蓋家庄：李中有、王法湯、李中宇、于時英、于時華、于時傑、王存才、李中用、于時福、于時俊、化德、于時禎、郝桂柱、王尚用。

南峪村：王昌用、王法武、王大吉、王之林、王治斗、王創統、王開□、李亨、李致富。

陽坡村：趙煥、趙□、趙文林、趙英、張自祥、□端、趙大□、趙歆、張自福、張自禎、楊□、郭奇、賈端、赵大海、郭三秋、陳瑞、刘永义、武進□、武進宝、賈守定、趙玘、趙彬、張進的。

石槽村：景体謨、常玉保、李計伏、梁之栋、常玉德、景体式、李繼祥、李文玉。

孔家宇：馮門李氏、李計禄、馮英、李天友、馮全、馮養才、馮光寧、尹鬧。

王家掌：尹學文、王聚、尹生文、王承伏、尹閱、王承京、尹海文、尹朝文、尹慶文、王承科。

聖賢廟於崇禎己巳年始建，功德主趙第、趙朴，糾首趙時孝、趙時發，今又重修。

創建井神記

寬峪水深土厚俗儉民淳為余世守之鄉但先時戶口稀鮮人無巢穴之患嗣后生齒日繁棲身無所余購地

十畝在村東展拓二畝家又苦井遠汲深雖免迴艱遂另鑿井一眼可稱其澍井濮之資其剩普矣覆井者

外加高廈內塑龍神易曰改邑不改井雖邑稱十室而

井可千萬年也是雖衆人累黍之力而余之結搆經營亦幾費苦心矣落成之日咸欲勒之金石以彰丞柘遂

不避俞陋而紀其始末云康熙二十八年孟夏之吉本莊致仕老臣香山道人朱裝時年七十一也茇鐫裕兩

首事朱雲從
朱衣取
朱衣颿

296. 創建井神記

立石年代：清康熙二十八年（1689 年）
原石尺寸：高 53 厘米，寬 85 厘米
石存地點：運城市聞喜縣瓠底鎮上寬峪村

創建井神記

寬峪水深土厚，俗儉民淳，爲余世守之鄉。但先時户口稀鮮，人無巢穴之患。嗣后生齒日繁，栖神無所。余購地十畝，在村東展拓二十餘家。又苦井遠汲深，難免涸鮒，遂另鑿井一眼，可稱甘澍井渫之資，其利普矣。覆井者外加高厦，内塑龍神。《易》曰：改邑不改井。雖邑稱十室，而井可千萬年也。是雖衆人累黍之力，而余之結構經营，亦幾費苦心矣。落成之日，咸欲勒之金石，以彰不朽，遂不避弇陋，而紀其始末云。

本莊致仕老臣香山道人朱裴，時年七十一也，施銀拾兩。

首事：朱雲從、朱衣取、朱衣颺。

（以下功德主姓名漫漶不清，略而不録）

清（一）

重修碑記

297. 龍王廟重修碑記

立石年代：清康熙二十九年（1690 年）

原石尺寸：高 138 厘米，寬 69 厘米

石存地點：長治市沁源縣韓洪鄉龍王廟

〔碑額〕：重修碑記

靈沁之界離城百里餘，名曰□河村，人居鮮少，風俗淳古。南北山□，□□川流，志乘所載，亦靈邑之一疃也。北山有龍江堂，幽岫含雲，龍宅呈祥，真天造地設處也。先人建古佛殿於正座，藥師南海菩薩位左，地藏王菩薩位右。關聖帝君神威遠震，龍王神廟興施雨澤，居人既沐其慈佑，鄰壤亦藉其默庇，經營伊始，良有以也。惟是歷年既多，檐椽蠹嚙，將不支。鄉人恐其久而頹也，乃屬耆老，募化鄰壤，樂輸在籍。糾首王家福等以重修爲己任，香老等積群材，會衆工，屢年修葺，盛事告成。庶其□□輝煌，增華美也，金顏丕振，□靈赫也。工既竣，屬余言以勒之貞珉，昭示來茲也。□□土者，豈敢瀆廟貌而褻神靈也哉？令人瞻仰起悟，爲善去惡之心油然而生，父老有姻睦之風，子弟無□凌之習。猗歟休哉！异日者天子降軒而采風，太史問俗以陳詩，僉曰："仁里可媲美於三代矣！"後之人若有同志嗣而葺之，庶斯地之永昌也。兢不敏，承命撰記，敢竭鄙誠，恭疏短引，亦不没重修之盛意云。

邑庠增廣生員本鄉王兢沐手謹撰，率弟王觭書。

香老糾首：王九貴、王加福、王九月、王加奇、王發才、王加賓、王存性、王玉玟、王育德、王加隆、王名臣、王玉柱、王玉珍、王昇任。

住持：席光龍。石匠：郝文成。木匠：郝之祥、王三元、孔繼好、朱進玉。泥匠：宋鼎俊。

大清康熙貳十九年季春穀旦立。

298. 重修天池寺碑記

立石年代：清康熙二十九年（1690年）
原石尺寸：高150厘米，寬60厘米
石存地點：晋中市和順縣喂馬鄉天池寺

〔碑額〕：重修天池寺碑記

縣治之西南去城四十里許，寺名天池，古刹也，在北山之阿。其地石磴嵯峨，曲徑幽秀，勢高而凹，其中若天池然，故因以名寺。寺之後有泉焉，取之不竭，蓄之不溢，意者神靈之默成歟？左腋山下有穴，穴中之水出没無常，□□□白而味甘，□□□茶，若取諸三峽者。山水之靈盡□于斯矣。寺之建，不知始于何代，但多歷年所，廟貌摧殘。有寒桃寺僧名神威□，住持其中，與師宗聖大捐己資而修葺之，鄉善人白于林又出多金以助之。尤可嘉者，糾首善人白……瘁焉。由是三教殿、三聖十王殿、東西禪堂、左右伽藍，以及鐘鼓樓、山門、僧舍，靡不次第整理，而錢□□告……化之勞，以終莊塑黝堊事。盖經□于康熙之丙寅，落成于庚午。豈但暮鼓晨鐘所以瞻禮空王者有地，即游人騷客登臨憑眺，睹斯境也，有萬緣悉屏，煩資晝條者矣。故爲之記，以垂不朽。

邑庠廩膳生員蔡祚昌沐手撰并書。

（布施善人芳名漫漶不清，略而不録）

康熙二十九年歲次庚午秋九月穀旦立。

299. 鑿池銘記

立石年代：清康熙三十年（1691年）
原石尺寸：高106厘米，寬60厘米
石存地點：臨汾市霍州市李曹鎮杜蘇溝村關帝廟

〔碑額〕：鑿池碑記

鑿池銘記

□□之羅，散殊而統會，積微少而衆多，理固然也。若夫楊家溝者地至旱，濕泉水淋浸，雖能通流，其微細祇堪供人畜飲用綽綽，若欲藉此灌田，古昔或可，今乃時數所倡有不然者。識者僉曰：必閑曠□下王，百谷納細流藉以灌田，或少有補焉。本村有踏庄栖鳳張兄諱毓璞者，奮起而□跟地捐錢置買地基，甚義舉也。乃因水道未通，因循不果，未幾而栖鳳逝歸，而此工隳廢。延至今年，□時灌田尤艱，庄中杰者遂酌酒揖余□□總理池工。余不得已不敢不勉，只得直受之而不敢辭。余凉才劣，幸有賴本年香老舍□□□豪杰張毓琏、趙明冬、高世仕者匡力贊助，又幸有在城踏庄義社尊懷惠出資粟。在鄉諸賢竭力，間有不齊，較□者終少，不數日而工告草成矣。池雖就而水道跟地畝少出租粟而暫過之。盡夜聚水而黎明放水，水勢涌溢，其灌田也較先浸潢不足勝衰。□□不時如此，而且免昏夜暗昧畏縮虎狼之憂，免憂利灌其爲杜蘇溝之裨益也，豈淺鮮哉？分溝□昔年先輩著水例簿已明備無後晚重□。今九溝有池，獨頭溝不獲受益，其九溝亦不得乎。□溝而恣害也，□□夜間聚水，黎明放水。池水放盡，次溝澆□，即便塞池眼以聚之。如輪至十溝和前溝聚放，待池水黎明放盡，方許頭溝截澆。至次日，方必如十溝放水盡時罷澆，二溝然後塞眼。恐後無憑，故於是勒石以垂永久云。

（置買地基并鑿池貴人芳名略而不録）

時大清康熙歲次辛未三十年十月中旬十五日立石。

300. 重修濟瀆廟三門記

立石年代：清康熙三十一年（1692 年）
原石尺寸：高 50 厘米，寬 75 厘米
石存地點：晋城市高平市建寧鄉建南村濟瀆廟

重修濟瀆廟三門記

江河淮濟，謂之四瀆。夫瀆爲神，禦灾捍患，生物澤物。春者祈，秋者報，行者筮，病者禱，無不靈應。寧可無廟以依之，而嚴祀典耶？蓋晋泫東有建寧鎮，鎮之南巍然而峙、蔚然而秀者，翠屏山也。山有濟瀆尊神廟，規模廣大，一連三院。本鎮人等常蒙庇佑，各發心願，募化重修。不數年間，焕然日新。獨有正門梁棟將傾，石臺將敗，其待於修焉必矣。吾伯吾父，拳拳以敬神爲心，切切以葺補爲念。庀材鳩工，俾腐者堅、漫者飾、傾者正、圮者甃，比之舊觀，益加壯麗。告竣，命余爲記。余非敢揚詡浮詞，窃取高祖招遠令諱良與黄縣令諱去疾之文意也。記其大概，爲今日之善者勉，更爲將來之善者勸。勒石東壁，永傳不朽。

名列于後：

申子炳，男申道垓、庠生申道埏，孫申金□、申九勉沐手書。申子煌，男申道埈，孫申照臨、申世芳；申子燁，男庠生申道址薰沐撰。

木匠姬忠，泥水匠成加焕、成加裕，石匠姬聚魁、郭朝德。

康熙三十一年歲次壬申孟夏吉日穀旦。

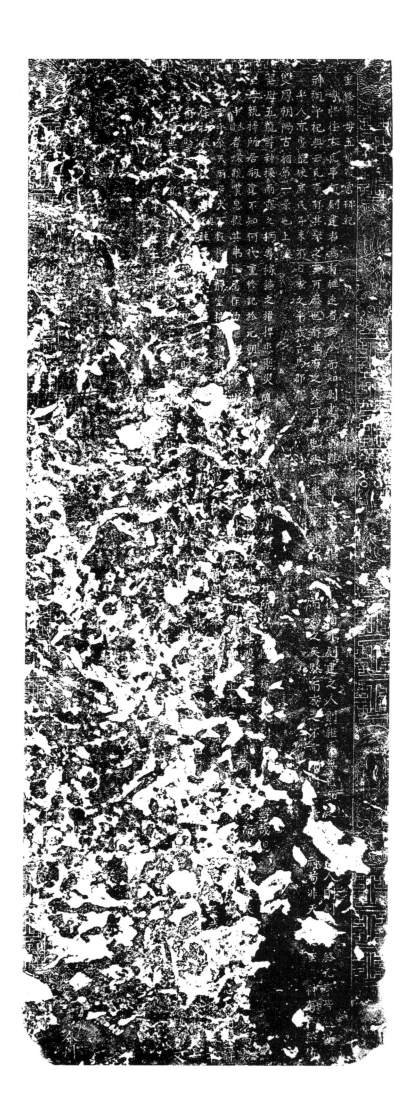

301. 重修聖母五龍寢宮碑記

立石年代：清康熙三十一年（1692 年）
原石尺寸：高 150 厘米，寬 74 厘米
石存地點：晋中市壽陽縣雙鳳山

重修聖母五龍寢宮碑記

粤稽往古，凡事有創建者焉，有繼述者焉。今而知創建者實難於前，繼述者惟望於後。倘非創建之人，則繼述無自如乏□□□人，則創□□終。凡事皆然，況神祠乎？《祀典》云：凡事有其舉之莫可廢也，有其廢之莫可舉也。然一舉一廢，非可作□而爲之矣，默而成之不言⋯⋯苟非天□□至神有以默佑乎，人亦安能使庶民子來不日成之乎？我古馬郡有雙鳳朝陽，古稱第一景也。上栖聖母五龍尊神，操雨露之柄，專稼穡之權，捍患禦灾，隨感□應，春祈秋報，理所應然，其所以□國家、福人民、利□□□□鮮哉。□聖母親擇所居，創建不知何代，重修記於元朝，十載一修□□，相傳□□□□，稽其始□有其殿宇而無舍房，□有其□房而⋯⋯馬君諱中杰、中建者環觀嘆息，擬其弗備，願作功德□，重修其殿宇⋯⋯且至乎？奈天雨浩大，不數載而静室摧崩。斯時也⋯⋯有住持寂（以下碑文漫漶不清，略而不録）

302. 南原頭村重修佛龍王小神土地廟落成碑記

立石年代：清康熙三十四年（1695 年）
原石尺寸：高 110 厘米，寬 57.5 厘米
石存地點：臨汾市大寧縣三多鄉南垣頭村

〔碑額〕：重修碑記　　日　月
南原頭村重修佛龍王小神土地廟落成碑記

康熙三十四年四月初六日宿時末，有地大震一事。此時大動平陽府城，稍乃襄陵、洪洞、浮山，共四處，房屋人口俱傷十分之七。其餘州縣輕些，間有傷損。自后不時小動，至八月初六日尚未止。后不暇記。

吾南鄉離城二十五里許，村名曰南原頭，有古建佛廟，與夫龍王、小神、土地廟各一所。自先曾祖高文炤建立，以及□□□□□重修而后，想昔量土定方各有取意，其位置□□，殊不可解。越今二十餘年，雨洗……像剝之虞。去年，吾父高士望、任自勝、宋自立三人，憫此廟頹圮之甚，恐侵蝕日久，一片金光化作泥土。彼時工費愈浩煩矣，於是急謀修葺，而輯緣廣募。惟諸神像改廢重妝，郁然成盛觀。但思廟已重新，又慮聲歌無地，每遇報祀，煩我居士，雖竭一鄉之力，難拚褻神之責。惟願建此楼亭，以爲作樂之所。公議閤庄，衆可其言，而咸稱盛事。任自勝曰："余即領其事，而不敢辭勞。"諸士或施其金粟，或□以□□，□出分願，以□□□舉，庶幾哉土壤可以成泰山之高，而細流亦必至河海之深也。不日間，廟貌重新而肖像金碧衣褶之，楼亭□□□清濁高下歌舞之，不其洋洋如在乎。一切居士焚香拜禮其下，歡呼頌禱焉。南原一方，焕然改觀。所有事矣，則諸施者之姓名可拚没而不傳乎？於是命工立石，垂名不朽。余不過代筆以叙其姓氏已耳，若云文，則吾豈敢當乎？舊余祖施柏而□神地二畝，至今永作此廟佈施，以傳於後云。

邑增生高晉謹撰書。

（以下功德人員芳名略而不録）

時康熙三十四年八月初六日吉旦。

303. 北霍渠掌例衛皇猷序

立石年代：清康熙三十四年（1695 年）

原石尺寸：高 51 厘米，寬 70 厘米

石存地點：臨汾市洪洞縣廣勝寺鎮廣勝寺

北霍渠掌例衛皇猷序

嘗謂城東有霍山，其下有泉，水勢汪洋，□而南畝賴以灌溉，實代天所有物□□。然水□能□物而不能自爲育物，必待其人□治之。茲者歲值桂林，闔縣士庶公舉衛君柱□躬膺其責，治水勤勞。而渠之上下所以安穩，灌溉得以合時，由其心術光明，感格水神而默佑，天雨及時而成功。夫公重神和人，斯時歲終，故遵規勒石云。

邑候選縣丞眷弟王淑嚴頓首拜撰。

渠司毛天奇，水巡王璽，三坊師禹文、李發光、張名□。

（各村溝頭、住持芳名略而不錄）同立。

石匠陳進中。

時康熙三十四年十一月吉旦。

清（一）

304. 建設天池碑誌序

立石年代：清康熙三十七年（1698年）

原石尺寸：高130厘米，寬50厘米

石存地點：臨汾市曲沃縣曲村鎮北容裕村

〔碑額〕：留名万代

建設天池碑誌序

喬嶽之麓相去數里有北容裕瞳，東西通衢，路居要衝，古稱……俱修理而成□焉。獨天池□端，因地面未妥，自先代以迄……及此，未嘗不心憾焉。爰是……輸財輸力，共襄厥事。前人之意已據，後人之事……余爲文以誌建設之始終。余欣然允諾，敬陳俚言以……康熙三十七年正月吉日工成……月吉日。祇願後人世世修理，勿毀弃也。特序。

（以下督工、捐銀人芳名漫漶不清，略而不録）

皇清康熙叄拾柒年歲次戊寅孟春吉旦立石。

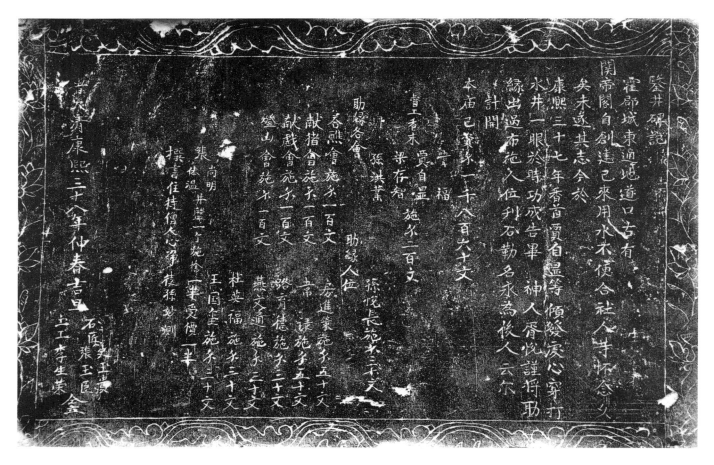

鑿井碑記

霍邑城東通遠道口古有

关帝閣自創建已來用水不便合社人等懷念　　　

康熙三十七年香首賈自溫等傾瑑虔心穿打

水井一眼於時功成告畢神人胥悅謹將助

緣出過布施久位列石勒名永為後人云尔

　計開

本廟已簽錢一千八百六十文

助緣各會

　　　　　　　宦香末榮自溫　施錢二百文

助緣各會　　　　　幸福

　　　孫洪業

吞雕會施錢一百文　　　助緣人位

獻猪會施錢一百文　　　孫佟長施錢三十文

獻戲會施錢一百文　　　房進策施錢五十文

燈山會施錢一百文　　　王帝祿施錢五十文

　　　　　　　　　　　絡育德施錢三十文

　　　　張体温　　　　　燕文通施錢二十文

　　　高明　　　杜英

　　井壁一了　　　福施錢三十文

撰書住持僧人心筭徒孫妙測　王国筌施錢二十文

大清康熙三十八年仲春吉旦

石匠張玉區　　　　　　　　　　　土工李生菜

305. 鑿井碑記

立石年代：清康熙三十八年（1699年）

原石尺寸：高45厘米，寬70厘米

石存地點：臨汾市霍州市開元街道東關居委會關帝閣

鑿井碑記

霍郡城東通地道口古有關帝閣，自創建已來，用水不便。合社人等怀念久矣，未遂其志。今於康熙三十七年，香首賈自显等傾發虔心，穿打水井一眼。於時功成告畢，神人胥悦。謹將助緣出過布施人位刊石勒名，永爲後人云尔。

計開：本廟已資錢一千八百六十文。

（督工香末等芳名略而不録）

撰書住持僧人心净、徒孫妙測。

石匠史玉貴、張玉臣，土工李生荣，同立。

時大清康熙三十八年仲春吉旦。

清（一）

諸龍泉重修廟碑記

306. 諸龍泉重修廟碑記

立石年代：清康熙四十一年（1702 年）
原石尺寸：高 159 厘米，寬 23 厘米
石存地點：陽泉市盂縣南婁鎮西小坪村諸龍廟

〔碑額〕：重修廟記

諸龍泉重修廟碑記

昔族祖朝議公癖愛山水，每所至崇山峻嶺，停澤流涓，輒留覽弗倦焉，登記弗倦焉。如《蒼山紀事》，誌一邑勝景者至詳且悉。吾里小平村率西山麓十里許，有諸龍神廟，其由來舊矣。靈異非常，有禱輒應。居常里人，時爲傳誦，予小子心异焉。至康熙捌年己酉歲重修。讀族祖朝議公碑記，余小子益心异焉。嗣後越三十餘載，壬午年，泉水復傾圮。族長武慶、□介熙、武際飛等，目擊心感，約再重新。因北移動像，見有骨骸藏匣中，伏座下，紀年月日。此諸龍神當年之真靈乎？土人傳羽化於斯，信非誣也。功竣，命余爲記。會七月十五日至其處，散步登覽，見山勢幽逸，石壁屏立，曲曲如箕形。西壁泉水涌出，環繞殿楹，迫南崖，越洞外，瀑布下流而東注。不數武，流伏無迹，或出或没，真龍神變化象也！正殿後舊有觀音堂，亦北移數笏，就古松下，蒼老挺秀，如龍覆屋。噫！幾經易移而神境逼真，院址亦頗宏廠焉！孰謂人功無補於神化乎！故率筆爲文，以表里人功德，且因以見余小子與族祖愛山水之性略同。

儒學增廣生員武桓錫撰，廩膳生員武□瑞書并篆。

壬子拔貢候選教諭邑人武介宗，乙卯舉人候選知縣武介宣，乙卯舉人候選知縣武介谷，賜進士出身原任四川夔州府建始縣知縣邑人武令謨，賜進士第吏部候選知縣邑人武承謨，國子監監生候選縣丞武介方、監生武聖謨，乙卯舉人教諭武永祚，丁卯武舉人武永譽，敕授左都智管太原盂壽營□□光施銀柒錢，盂縣知縣俞欽，儒學訓導郭世□，典史張□芳。

糾首：武慶，武瑶，庠生武介裕，庠生武田子，武尚元，武典謨，劉伏龍，李俊，蘇文全，蘇□，劉文□，庠生武介熙，庠生武際飛，武惠謨，武僉謨，武永立，李梅，張羽，田景明，劉展，廣東蘇州驛□丞李端募銀□□□，李來岩、徒劉復愧。

石匠李贊先，木匠魏鶴，画工聶申廷。

同修。

時大清康熙四十一年歲次壬午秋七月吉。

307. 重修成湯廟記

立石年代：清康熙四十三年（1704 年）
原石尺寸：高 190 厘米，寬 60 厘米
石存地點：晋城市陽城縣白桑鎮張莊村成湯廟

〔碑額〕：碑記
重修成湯廟記

按祀典，有功於民則祀之，若古之聖王有成湯，不殖貨利，不邇聲色，天賜智勇，克君萬邦。閱史書所載，時大旱七年，太史占之曰：當以人……車白馬□□白茅以爲犧牲，禱于桑林之野。祝曰：無以□一人之不敏，傷民之命……巍千仞，王之遺迹在焉。是以近析城村落無不……陳牲設醴，潔誠以祭祀者……典□□□□更肅然。歷年既久，爲風雨所飄摇，梁棟損壞，丹碧盡落，兩廡傾廢，三門……重修之然，於兵荒之後，人少財乏，不能即□。又數年復謀之於衆，衆僉曰："可矣！"於是……者，煥然聿新，工竣欲余爲記。余因之有感矣。□□人自居房屋有殘缺者，每□□坐視而……而今日之舉，一倡百諾，無不殫力從事者，豈非王之弘功偉烈、至仁厚德有以入人之……焉。

邑學生吳居古撰。

康熙肆拾叁年伍月初壹日。

清
（
一
）

697

308. 康熙三十年重修古大井碑記

立石年代：清康熙四十四年（1705 年）
原石尺寸：高 40 厘米，寬 70 厘米
石存地點：陽泉市盂縣北下莊鄉泰山廟

康熙三十年重修古大井碑記

蓋以水曰潤下，而有濟人之功；土曰稼穡，而可悟農爲生。本村有古大井一眼，塌毀損壞，無人補修。今有住持道人李一禎，日夜憂思，持鉢驚衆，暮化兩村。施財助工，勒石刊名，以留後世。照股均分，子孫仰望，萬代不朽。感通之誌。

郭士林二股，石文玉二股，郭萬才二股，李一禎四股半，以上一股之人……□萬福、趙二星、趙二晨、趙應魁、陸桂、趙珍、武科、劉斗才、郭萬禄、武進才、李光、姚智弘、史□清、□□□、劉□□、郭仁義、趙通、武海雲、趙應光，以上一百五。

武海□、武□□、王國明、賈申、李福祥、楊斗環、武進金、趙應□、張壁、付廷、郭祥、張全壁、郭亨。

上工：□□、李世芳。

□□石匠：張選、趙生春、郭仁景。

大清康熙四十四年二月吉日。

309. 重修聖母行祠碑記

立石年代：清康熙四十五年（1706 年）
原石尺寸：高 169 厘米，寬 81 厘米
石存地點：晋中市壽陽縣平舒鄉平舒村

〔碑額〕：庇廕嘉穀
重修聖母行祠碑記

語云入廟思敬，此非僅以黷典禮，實所以祈昭格也。故類禋遍望而外封……聖母尤非杳不可稽者。比溯歸化勝境，發原在晋祠，其間美景千形，佳致萬狀。前人……乎。本村南建有聖母行祠，由來舊矣。凡水旱者禱于茲，疾疫者禱于茲，無不所……屢經修飾，而世遠年湮，不無風雨飄搖之慮。癸未夏，厥村有祁生昆仲、雲龍、雲翼……凌夷，動修葺之雅意，捐銀貳拾兩作爲功德，以爲衆首倡。因囑住持僧真旺……祁雲企、任禎、郭繼昌、祁雲攀、祁自成、刘芳名，沿村募化，庀材飾器，以增修其……厘然具舉，殿宇之輝煌燦然改觀。庶瞻拜者睹之生敬，過謁者見之輸誠。又何……間嘗登此堂，步此境，按廟址形勢，西逼深渠，南鄰巨水，兩傍侵夷。聖境爲……築深渠而周道如底，遷大河而波瀾不驚，其締造之繁難，資財之浩大，實倍出於……可永奠，而神休可長保矣。余忝列糾首，其經營始末，嘗身歷之。及功成告竣……

本邑儒學增廣生員祁雲企薰□□□，本寺住持前任僧官真□□□□□。

壽陽縣正堂劉應熙、教諭李匡之、訓導張曠野、典史白珩，本寺住持僧真旺、徒慈誠、徒孫妙珮。

木匠：董正爵、祁養安、董正位……塑匠：安士川、安承孔、安承孟、安承曾。陰陽：任三奇。泥水匠：馬國祥。鐵筆：趙伏成、趙伏龍。同刊。

修河人安世榮、祁自富、安世肇、祁自……

時大清康熙四十五年歲在丙戌月值林鐘朔日穀旦立。

重修龍王廟碑記

310. 重修龍王廟碑記

立石年代：清康熙四十五年（1706 年）

原石尺寸：高 178 厘米，寬 81 厘米

石存地點：太原市尖草坪區西流村龍王廟

重修龍王廟碑記

余弱冠時，性嗜名勝。丙午暮春，任其步之所往，踱出阜成門外……順流而西，直抵西流村龍王廟。環顧左右，居民廣集，林木盛茂。猗歟休哉！何其隆也！及人……關聖殿一楹，龍王殿三楹，墻屋毀壞，基址淺狹。余也目睹心傷，謂斯地亦甚靈……鬱鬱而返。迄今越四十餘年矣。一日，書室憩息，忽聞叩門聲，啟……景芳和尚爲重修龍王廟事。詢其始末，乃以爲師祖定真修之于前，師西乘……合悉修，願求一言以爲之記。余不覺喟然曰："予鬱遂矣。"但古人有……美弗紀。景芳師祖三僧相傳而全其功，相繼而成其德。人咸曰……之靈也。余不禁足之蹈之，手之舞之，忻然援筆而爲之記。曰："西山岩岩，汾水涓涓。山本管岑，水源跑泉。鍾靈毓秀……命工勒石，以彰有德，爲善降祥，福壽延昌，垂示後世。"毋……

髮衲寂湛蓮溪居士沐浴謹撰，戒衲普檢瑞徵和尚盥手敬書……

後續臨濟宗派，通徹玄徵至理深，西來祖印可傳心，宗乘一震威音界，蜜教……

祖通延，師叔徹惺、徹旺、徹洪、徹義，師兄玄付、玄順、玄盛、玄意、玄安、玄化、玄美、玄積、玄定、玄印，法侄微瑞、微福、微壽、微祿……

募緣住持僧玄象，門徒微□、微□（以下碑文漫漶不清，略而不錄）

龍□康熙肆拾伍年玖月吉旦。

311. 重修禹廟碑記

立石年代：清康熙四十五年（1706 年）
原石尺寸：高 31 厘米，寬 38 厘米
石存地點：運城市夏縣博物館

……落成於唐……四海幾爲一壑，惟禹起……而游者，孰非享神禹之功德……報。矧吾夏爲建都之地……記曰：民向善而眼勤……古庶不愧爲夏……

清湘蔣起……候。

……增。

……壽。張……吉……

重振水

例碑記

312. 重振水例碑記

立石年代：清康熙四十六年（1707年）

原石尺寸：高147厘米，寬71厘米

石存地點：呂梁市汾陽市峪道河鎮堡城寺村龍王廟

〔碑額〕：重振水例碑記

重振水例碑記

汾陽之西有向陽，不越里而皆崇山峻□□□青松，草木□茂，居……西□□大觀也。登山遊覽，無不盡善。其西南兩峰林壑尤美，望之蔚然而深秀者，向陽峽也。時聞水聲潺潺，而瀉出於□峰之間者，甘泉也。峰回路轉，有□□□□於泉上者，水神娘娘廟也。清流激湍，映帶左右，而溶溶遠逝者，□□□□□勢也。其流派所溉田園，得享浸潤之澤，灌注所及歷村，獲安肥沃之利，其□□也。惟韓家垣爲最，兩日，其次及於湘子垣壹日，白草坡壹日，後圪垛壹日，前圪垛五日，垣底村五日，補城寺五日。輪流灌地，週而復始，其來舊矣。古有碑記，世遠年湮，失落無存。於康熙十九年，七村公議，在本縣正堂楊恩討印照，歷年并無異說。今於康熙四十三年，被馮家庄起意爭水互訟。本府正堂沈、本縣正堂盧蒙金批云：圪垛村、垣底村、補城寺，執有十九年之□□，似爲圪垛等七村之公河，而非馮家庄歷來□用之水無疑矣。噫嘻！所謂□□於前者，今人既確然而有據守成於今者，後世愈昭然而知。遵茲歷敘□□□之于石，以垂永久。後之妄想爭水者，亦將有感于斯文。

邑庠生李御品、任之禹撰，□□子、李桂枝書。

鐫石梁國□。

時大清康熙四十六年三月二十五日吉旦。

313. 重修利應侯碑記

立石年代：清康熙四十六年（1707 年）

原石尺寸：高 102 厘米，寬 55 厘米

石存地點：太原市古交市馬蘭鎮北社村利應侯祠

〔碑額〕：皇帝萬歲

重修利應侯碑記

考夫孤神，乃周朝春秋時晋國之大夫也。其在生之時，□君忠，立身正，教子方，故死而爲神也靈。敕封忠惠利應侯，立祠於本邑之馬鞍山。後因禱雨有靈，澤潤生民，是以在在建廟，以爲禱祀之地，此所以屯蘭都、北舍村亦有斯廟。其創建無考，以□當日無廟與鍾樓。至三拾壹年，僧人普林同議，衆善人等募化，新修樂殿以爲報賽之所。又見殿宇聖像□□□变，傾壞不堪，意欲重修，事未舉而不禄。於是合村爲住持無人，公立諸狀，謂河北□古交鎮首邑千佛寺僧照祥長徒普定住持。乃至北舍，見廟宇傾壞，不忍坐視，□□會茶，公議重修。闔村老少咸集，無不心願。僧人普定并糾首、合村人等，同心協力，各處募化，不備風雨之勞。不出壹貳年，而殿宇、鍾樓、僧舍焕然改觀。雖殿止三楹，然而鍾樓、僧舍以及金妝彩畫，所費不啻百金。若不勒石以誌之，即衆善弗彰。于是，將合村姓氏，施財助□□□悉列于左，以求不朽云爾。

本邑庠生韓啓晋撰。

經理糾首：信士馬友禄，男馬計□、馬計□、馬計雲，孫男馬得□、馬得□、馬得□、馬得□、馬得□、馬得□，施銀二兩五錢。信士馬守興，男馬士□，孫男馬□文、馬□武、馬□斌，施銀貳兩□錢。信士游應龍，男游□如、游□元，孫男游雲□、游雲□、游雲生，施銀壹兩玖錢。信士王之弼，男王登明，施銀三錢一分。信士徐三成，男徐付保、二保兒，施銀壹兩二分。信士王之法，男王登祀，施銀捌錢□分。信士閆貢儒，男……施銀壹兩五錢。

經理糾首：信士王之虎，男王昇魁、王□魁，孫男王□勝，施銀壹兩玖錢。信士馬守□，男馬士林、馬士海、馬士洲……信士馬女才，男馬憲□、馬憲□、馬憲□，施銀伍錢三分。信士馬計興，男馬得□、馬得保，施銀壹兩貳分。信士王之禹，男王生魁、王長魁，施銀壹兩□□。信士王之禹，施鍾樓柱肆根。信士游如泉，男游雲福，施銀……

修造住持僧人普定，門徒通明，法孫心正，千佛寺住持僧人師照祥，門徒普慧，法孫通杰。

崞縣玉工姚長基、姚滿基施銀肆錢。

大清康熙歲次丁亥季乙巳月癸卯日吉時立。

通靈侯

重修五仝山龍神廟碑記

余就環村岑山也其束北諸峯林壑尤美蔚然而深秀焉淇漳水流于下也干霄蔽日尚間栢也村十株郎十餘之階也雖爲菱者莫敢損一枝棠覽其風景甚幽雅焉余曰地勝春不可不爲家衆戊子告竣是要假出員郝起風問舛於五仝山也奔騰泙說者曰白龍泉廟神之靈也村人之修葺勤至功之成也神靈者不可無毀宗以崇禋祀也功成者不可無載以要來久遠五山地之勝也龍泉廟祀日金崇佑護日金篤曲此十日風五日雨常蒙福庇所必然堂徒壯觀瞻去雨裳衣裳如左用垂末久焉

大清康熙四十八年歲次己丑季春吉日立

乙酉科榮人居逯陽釗
武邑儒士李道同書
石工□□張□誠

314. 重修五全山龍神廟碑記

立石年代：清康熙四十八年（1709 年）

原石尺寸：高 124 厘米，寬 53 厘米

石存地點：晋中市左權縣麻田鎮蘇公村龍王廟

〔碑額〕：通靈侯

重修五全山龍神廟碑記

余睹環村皆山也。其東北諸峰林壑尤美，蔚然而深秀者，五全山也。奔騰泙湃，漳水流于下也。干霄蔽日，山間柏也。掩映其中，龍泉廟也。説者曰："古柏十株，即十龍之蔭也，雖芻蕘者，莫敢損一枝葉。"覽其風景，甚幽雅矣，可惜垣屋頹敗，幾等于斷烟衰草也。因是蘇公村糾首生員郝昌齡、秦□等丁亥舉事，戊子告竣。是夏，假生員郝起鳳問序於余。余曰："地勝者，不可無興作以壯觀瞻也；神靈者，不可無殿宇以崇禋祀也；功成者，不可無記載以垂永久也。五全山，地之勝也；龍泉廟，神之靈也；村人之修葺黽惡，功之成也。功成矣，則禋祀日益崇，佑護日益篤。由此十日風、五日雨，常蒙福庇，所必然矣。豈徒壯觀瞻云爾哉？"爰書如左，用垂永久焉！

武邑儒士李道同書，乙酉科舉人居遼陽劉□撰。

石匠楊起吉。

大清康熙四十八年歲次己丑年春吉日立。

315. 曹窪山修三神廟碣記

立石年代：清康熙四十九年（1710 年）
原石尺寸：高 50 厘米，寬 105 厘米
石存地點：臨汾市霍州市師莊鄉曹窪山村土地廟

維粤稽南廟之古設也，原爲龍天土地神、牛王神、龍王神三祠而□立也。土地有保障之德，牛王有興旺之福，龍王有雨澤之恩，闔村庇福豈淺鮮哉？不意年深日久，疏漏不堪，傷今思昔，昌勝□感。於是□輸資財而不惜重新改造，而費勞興工。輸資功力維艱於一時，福德綿遠，實可炳耀于來茲。浩大功德恐置湮没，妥以勒銘，用垂久遠。此萬代之所瞻仰也。興工布施開列於後。
（以下布施人芳名略而不録）
時大清康熙肆拾玖年二月二十四日建立。

清（一）

713

營立新莊窑井分記

立莊首畫九人每人出後銀壹兩以為窑井之費富且每人張共伍稭個
一首作銀弍分伍釐與先出銀兩共作弍兩有奇嗣後入井分若以較銀弍兩尚有開列於後但
私父將立莊窑井首事娃名竝窑井所出銀兩開列於後

穿井首事出財入 … 王弘泰 柳作棟
書前 柳思望 …

立莊渠井基道路波池碾基牆基各處諸費開名於後

生監 張晏樂
書府 柳思聖
李萬明

吳日芳
王在勝
柳作棟
柳漸順弍兩肆戌弍兩
…

生監 張晏樂弍兩
吳道美
王遜賢
柳崇成

王近義
王弘泰
王付斗 柳承 …
王張保

窑井起於康熙四十九年二月十…師…本年五月初九日告竣

316. 營立新莊并井分記

立石年代：清康熙四十九年（1710 年）
原石尺寸：高 100 厘米，寬 45 厘米
石存地點：運城市新絳縣橫橋鎮宋温莊村

〔碑額〕：百渠流芳

營立新莊并井分記

立莊首事九人，每人出紋銀壹兩，以爲穿井之費。當日每人做工伍拾餘个，一日作銀貳分伍厘，與先出銀兩，共作貳兩有奇。嗣後入井分者，以紋銀貳兩爲率，入官公用，不許徇私。今將立莊穿井首事姓名并穿井所出銀兩開列於後。

立莊穿井、圈墙建土木人：王弘泰、柳作棟、王選賢。

穿井首事出財人：府書柳思聖貳兩肆錢貳分伍厘，王弘泰貳兩肆錢貳分伍厘。李萬明貳兩肆錢，柳漸順貳兩肆錢，郝作棟貳兩肆錢，王選賢貳兩肆錢，柳漸成貳兩肆錢，柳承義貳兩肆錢，監生張彝樂貳兩，吳道美貳兩。

立莊灘廟基、井基、道路、波池、碾基、墙基并築墙諸費人開名於後：吳日孝、王在勝、監生張彝樂、府書柳思聖、李萬明、王付斗、王弘泰、王近義、柳漸順、柳作棟、王選賢、吳道美、柳漸成、柳承□、王張保。

穿井起於康熙四十九年二月十六日，即以本年五月初九日告竣。

317. 重修源神廟記

立石年代：清康熙四十九年（1710年）
原石尺寸：高285厘米，寬81厘米
石存地點：晋中市介休市源神廟

重修源神廟記

環介東南，皆綿山也。綿之旁出者曰洪山，有泉焉，建祠曰源神。灌溉田畝，諸河享福，宋以前已有之。至明萬曆邑侯王公遷建此地，負離而抱坎，水泉在前焉；山勢迴抱，廟貌當之，真寧神之勝地也。考《山海經》云："狐岐之山無草木，多青碧，勝水出焉。而東北流注于汾水，其中多蒼玉。"酈道元《水經注》所稱石桐水，北流注于汾者是也。宋儒蔡注《禹貢》"及岐"之文曰："介休狐岐之山，勝水出焉。"先賢或有疑其誤者。然《山海》《水經》明曰北流注于汾，似亦無誤。憶舊時康熙甲寅歲，余曾與同志之諸友人讀書于村之千佛庵，睹山高水長，備歷四時之景：庚鳴鳩應，春山景也；呼晴喚雨，夏山景也；風吹葉落，秋山景也；崖寒壁瘦，冬山景也。四時之景，俱極可愛，皆源神水之助其景色也。已而偕友人覽揆古迹，見夫瀠洄曲折，水聲潺潺，則源神水也。光明鏡照，水勢淳泓，水所出之源也。過石橋，見其榜曰"溥博淵泉"。瞻眺久之，心曠神怡。又登而觀趨稼亭，重農事也。又登而觀鳴玉樓，水聲環佩也。重重高步，登其堂，正殿五間，中有三聖像焉，相傳堯舜禹也。夫禹治水于岐，沿而河洛江漢，睹河洛江漢而思明德。向非堯舜之使之，亦何以奏平成之烈！其并祀之固宜。亦可見千載而下，土人水源之思也。每年三月三日，官長率衆祭祀，拋祭品于池，禱神祈年之佳舉也。廟自王公遷建後百有餘年，乃向之煥然者忽傾圮矣，向之燦然者忽剝落矣。癸未，洪山村諸村人慨興焉漸廢，敦請本村糾首、他村糾首董其事。公感神澤，復續前功，備極辛勤，任勞任怨，總以期全神事。夫廟所以妥神也，妥神所以安人也。廟祠之不飾，其如神何？神之弗妥，其如人何？凡山川丘陵能興雲雨者，皆曰神。諸侯祭境內名山大川，古有功烈于民則祀之，況大聖人萬世永賴，非淫祀可比也。重新廟貌，理固當然。又于橋新增卷棚，又增侯祠，煌煌改觀。工成，記盛事人等姓名，屬余爲文。彼廟建之新舊，水泉之利弊，古碑與縣志書昭然縷列，無贅。今所記者，當事之出示勸輸，糾首之勤勞數載，有水分之布施而已。噫！自有此天地，即有此山川，幾興幾廢，總視善作善成，而此方萬世永賴神功者也。余于山見舊時之蒼翠焉，于水見舊時之浩渺焉，于廟見舊時之崇隆焉。扶今思昔，逝者如斯，不覺四十年。倘後之人能如今日之糾首公爾忘私，則神廟常新，水泉常盛，數十村田畝常茂；則斯記之作，非徒然勒石，足以垂不朽云爾。

康熙四十九年庚寅十月丁亥初九日吉旦，定陽溫席珍撰。

廟貌重修增補，維繁人心不一，工及半途，幾幾廢矣。幸逢正堂楊老爺諱允和，敬神勤民，其工克賴以成焉；貼堂徐老爺諱言禎，爲民報本，其工克賴以贊焉。是工也，起於甲申之春，成於庚寅之秋，迨今壬辰歲季冬二十日立碑。

凡經營糾首共執事者盡載諸碑。洪山村係附近之地，特有糾首諸人：董事總糾首官生張曄，業儒張道源，掌總賬糾首梁鍾堉，掌錢粮糾首梁凝祚、侯琦，辦材料糾首郭邦儒、張志聖。住持道會司道官任清境，徒閆一林，孫閆陽生，曾孫李來權、杜來義。石工趙吉凰，徒張秉謙、陳光遠。

318. 甲辰仲秋新成城隍老爺神像重修廟宇碑記

立石年代：清康熙五十年（1711 年）
原石尺寸：高 129 厘米，寬 62 厘米
石存地點：朔州市懷仁市城鎮第一小學

甲辰仲秋新成城隍老爺神像重修廟宇碑記

聖人以神道設教，自古爲昭。况夫城以衛民，隍以護城……之固，誠一方之保障，……神所憑依，將在是矣。於以□善禍淫，擊邪扶正，厚民之生，正民之德，無黨無偏，所謂……正直而壹□，非若淫祀者比也。故歷代以來，自都會以及郡邑，有統帥，有分司，莫不建祠設像，各有分謚，官民事之維謹……褻。越我盛朝，厘正祀典，春秋享献，歲有常期，而厲祭則惟神主之……所以主厲也。懷邑之有城隍廟，創建未審厥始，有碑記可考者，重修增修已不啻數十次於兹矣，而出像頗小，儀仗未……今尚仍其舊。邑侯祝公祭厲之期，親莅壇所，睹之獨懷歉狀。時夏五月……爲灾，瘟使□虐，因集士庶於神祠，虔誠默禱，求雨禳灾。不數日而甘雨沛敷，浸氛漸息。爰傳紳士郝子克明等，諭其意……各捐己資，兼募衆善，庀材鳩工，雕出像，制衣冠，置儀仗，以及龕閣轎桌之腐敗者無不新，衙杖梆点之殘缺者無不備，臺……垣之傾圮而剝落者無不完且整。至逢厲祭時，則一出一入。觀其儀，鮮明整肅秩如也，瞻其像，生動魁梧嚴如也，而執其事……執不潔齊而震動凜如也。神威顯赫，人意恪欽，我侯事神如事人之心於是乎慰，而所謂聰明正直而壹爲一方之保……四民所倚庇者，且將永永無極矣。是爲記。

懷仁縣知縣加四級卓异候陞祝靄楓，懷仁城都司加三級記功二次閃煜龍，懷仁縣儒學訓導加二級王錫祚捐錢伍百，懷仁縣典史軍功加二級方崇禮捐錢壹千。丙子科舉人候銓知縣王敞薰沐撰，捐錢壹□，儒學廩膳生員郝克明薰沐書，捐錢陸百。

監理人：張全智、陳通、郝長安、石廣元、田佳富、師通儒、賀登雲、郝暄。住持道會司閆來慶。石匠張全正。

大清乾隆五十年歲次乙巳桐月上浣吉旦。

319. 重修廣勝下寺碑記

立石年代：清康熙五十年（1711年）

原石尺寸：高60厘米，寬88厘米

石存地點：臨汾市洪洞縣廣勝寺鎮廣勝寺

重修廣勝下寺碑記

丁亥之冬，十月之望，余自桐江小憩，步至廣勝。見夫雲樹參差，淵泉瀑布，飄飄然有遺世獨立之想。既而穿曲徑，登巉岩，俯視一切，橫無際涯。獨廣勝下寺，地接青山，山名猿鶴，覿寶樹門，臨緑水，水静魚龍聽雨花。其同，緋殿琳官，蒼翠掩映，濃雲薄霧，淺深争妍，直可作一幅摩詰觀也。徘徊久之，遂依依不忍去。適有山僧捧清□至余而言曰：兹寺爲河東名勝，歷年既久，梵宇摧敗，而風侵雨露者有之。先師諱慶玠者，于康熙戊寅歲住持其中，目睹心擎，慨然勤念，欲重新而修茸之。苦于無資，于是朝夕勤勞，極力募化。若者輸金，若者輸粟，若者輸木，若者輸工。不逾年而殿宇輝煌，視昔有光焉。是役起于康熙庚辰之三月，成于庚辰之十月。但繼此猶有未成之志，而先師已溘然去矣。今欲勒石以彰諸檀越之功德，以叙衆衲子之勤勞。特請一言以序。余以不敏辭，僧請益力。辭之再四，不果無已。就其所言而書之，庶不没其歲月云。

邑庠第子王亮沐手謹撰。

（募化姓名及錢額略而不録）

时康熙歲次辛卯姑洗吉旦，同立。

320. 重修關聖帝君廟碑記

立石年代：清康熙五十一年（1712年）
原石尺寸：高143厘米，寬67厘米
石存地點：太原市古交市鎮城底鎮佛羅漢村關聖帝君廟

〔碑額〕：萬古流芳

重修關聖帝君廟碑記

粵稽關聖，乃本省蒲州解梁人也，生於漢之末季。□□抱仁行義，抑□扶弱。及其得志，即撥亂反正，誅奸戮邪，功烈難以□□，英雄難盡述。然而力不可及者，當披堅執銳之日，未嘗一時而忘《春秋》也。是以身没之後，□其仁至義盡，忠貞貫日，心同天地，義合聖賢。歷朝加封文武聖神，豈謬也哉？況乎靈無不祐，感無不通，不惟京府州縣……山窮谷，莫不皆然。此交城縣屯蘭都破羅漢村所以一建其廟，以爲禱祀之所。但年遠日久，殿宇傾壞，聖像凋殘。本村信士周士達、周士適見此□愁然憫容，與合村人等共議，奈工程浩大，獨□難支。乃約本村糾首周應茂、周士俊、周維珍、周得才、周三才等爲募化。四十八年動工，五十年完。今期聖神有憑，不几載而燦然聿新。若不勒石以志之，則施財施粟之功德□彰，而勞心勞力之勤苦安著？今將姓氏悉銘於碑，永垂不朽。此即《春秋》"善善長"之意也。

破羅漢村人等碑記。

糾首周應漢，男周維璽、周維壁銀一兩；糾首周士俊，男周天爵、周天禄□銀五錢；李法，男李應成銀五錢；糾首周士魁，男……銀三錢；糾首周士慶，男周維文銀五錢；周士首，男三村□銀三錢；周應□，男根名，兄□□□銀一錢；周士毅，男伏貴、二貴□銀一錢；周應成，男周保定銀一錢；周士凰銀五分；周才，男周小子、二小子銀五錢……周德，男周三崗銀一錢；周維□，男周三旺銀三錢；周继□，男四小子、五小子、六小子、七小子銀二錢；程士應，男程有銀二錢；周維雲，男□□喜銀二錢；糾首周維珍，男□□、周恭銀一兩；周維選施銀二錢；糾首周維貴，男周□儽、周□仁銀一兩；李應明施銀三錢；周維玉，男全含兄、二含兄、三含兄、四含兄銀四錢；□朋有，男二家□銀一錢；周維□，男大□保、二存保銀二錢；周維起施銀二錢；李應文，男□家、□家□銀二錢；李應武施銀二錢；周維瑞□銀三錢；糾首周德財，男周顯忠銀一兩；糾首周三才，男周顯□、周顯□、周顯□銀五錢；周三福，男周□□銀二錢；周德强，男周忠臣銀七錢；閏有龍施銀一錢；周明龍施銀一錢，男子寶、周之明、男□□銀一錢；周顯□施銀一錢。

本村信士……募化。

□□奉天府審陽城皇寺大□□□民人等，山西太原府文水□人等，山西汾州府汾陽□人等共化布施銀貳拾肆兩伍錢。信士□□□施銀五錢，信士武继福施銀五錢。

石匠刘维都、刘進禄。

扶碑示人周士達建立。

大清康熙五十一年歲次壬辰三月癸卯辛未日辛卯。

321. 五龍廟修建樂臺并詩

立石年代：清康熙五十三年（1714 年）

原石尺寸：高 132 厘米，寬 67 厘米

石存地點：太原市古交市屯蘭街道鹿莊村五龍廟

〔碑額〕：皇帝萬歲

五龍廟修建樂□并詩

屯蘭之陽有鹿莊，鹿莊之南，山□而水清，居民鮮□，有五龍廟焉。所□必應，有禱……福神。……天高不雨，四村人□，禱雨于斯，許建樂臺，乃不數日而果雨。□□日而又雨，三日後止。天一雨三日，伊誰之大成？曰太空。太空□□？或曰百靈。百靈不可得，而名歸之龍神。而龍神□□□功，因得四村糾首，同心募化，修建樂臺，以酬聖恩。茲故勒石留傳後世，以誌不朽云。

詩曰：龍飛□□□純陽，旱魃爲灾实可傷。祈禱龍神施雨澤，□修樂殿報□光。聖神感應□□霖□，糾首經營募化忙。樂殿時成酬聖德，勒碑傳後永留芳。

□陽素士劉九穗薰沐盥手撰并書。

（功德主、糾首、布施人員芳名略而不錄）

玉工：姚太基、邢天□。

大清康熙五拾叄年歲次甲午□□□月穀旦。

322. 秋泉村池頭廟水陸會功德圓滿序

立石年代：清康熙五十五年（1716 年）
原石尺寸：高 162 厘米，寬 54 厘米
石存地點：晉城市澤州縣南嶺鎮秋泉村

〔碑額〕：水陸聖會

秋泉村池頭廟水陸會功德圓滿序

　　郡西五十里許，有村焉曰秋泉。其村背負河，河北則爲大麓，有濟瀆神祠，名曰池頭，每歲鄉人爲之祈禱焉。奈時久就圮。癸亥春，而州牧王公蠲金修葺廟之寢宮，遂金碧輝煌，無復曩日之闇淡無光矣。鄉人猶懼其烟火□缺，無以安神靈而獲平康也，于文□、□□、玉……樊君諸同人董其事，佛弟子性强、徒玄印上人出其力，共建水陸大會，每歲一舉，不計豐歉。今三載來□德圓滿，而會事一周，因問序于余，欲額諸石，以垂不朽，且欲以誌一時行會之姓氏。余聞之喜曰："是不可無以□之也。"夫秋泉不過一鄉耳，而咸好□有如斯，則由一鄉而推，能好善者寧止秋泉一鄉哉？不止於是，則繼會事而起者，又寧無同夫首事之諸君哉？所謂有其倡之，必有以和之；有其始之，必有以繼之。而和之者亦能永行而弗墜，行見神格而人安，人安而物阜。十雨五風之慶，兩岐三穗之兆，無不可預爲卜矣。□望一方善信同力協心，四方善友共襄厥事。捐寸絲尺布之微皆爲善果，輸粒文錢之費無非祉福，則异日水陸之會未必不如夫今日之會矣。□庇佑之無疆，勒芳徽於有永，其功德寧有涯也耶！予唯持此以答文相、□圖、秀庫、得應、玉懷、樊昱首事之諸君，且以望後之踵事增華者。

　　郡庠生沁園主人李篤初薰□□撰。

　　（捐資人漫漶不清，略而不録）

　　大清康熙五十五年歲次丙申孟春穀旦。

323. 永禁霸截山水侵占關廟廊房碑記

立石年代：清康熙五十六年（1717 年）
原石尺寸：高 219 厘米，寬 84 厘米
石存地點：運城市鹽湖區解州鎮關帝廟

　　解州正堂加一級紀錄一次陳，蒙本府正堂加二級祝爲諭飭事，仰州官吏文到即查，康熙二十九年奉撫院批：按察司飭將關帝廟會場租稅銀兩，着管廟道人經收，修葺廟宇，不得侵吞。原立碑文督令該道官照依舊式，刊碑竪立，以垂永久。蒙此，即查二十八年卷宗并碑內原文，仍照式刊立，以昭府憲敬神至意。解州知州萬奉憲勒石，永禁侵占略節。平陽府解州爲逆旨霸占關帝敕廟，強奪聖庄神水等事，蒙山西等處提刑按察使司按察使能批，據解□申詳許禮垣等控告前事，看得此案，當以霸截山水、侵占廊房爲重。查澆灌神庄山水，曾於康熙二十五年據董禮岱具告，親詣查勘，着令各就山勢，凡可引水到地，不妨公用，此可姑置勿論。若夫廊房之侵占，凜遵摘其數多者訊問，大都咸以從前曾經修過，即爲己業，甚至轉展典賣。夫廟爲帝君之廟，廊爲廟內之廊，就使捨宅爲廟，亦屬琳宇公物，豈可視同祖父世産，久假不歸乎？即曰：當日曾費工本，自當食利。已經年久，儘可償其所費，應否無論侵占多寡，寬其以往。自康熙二十八年爲始，但屬廟內廊房、樂樓、午門、碑亭、牌樓、川廊等處地址，悉歸廟內收賃。公貯廟庫所收銀數，果有若干，亦以康熙二十八年爲始，遴選清高有德道衆數人，專董其事，據實造冊申報。憲臺就銀數酌定或令存爲香火、修理之用，抑或積爲五年小修，十年大修，著爲定例，使神廟永無頹塌滲漏之虞。抑卑職更有請者，席棚鋪面，雖係廟內地基，每值會場，土人自備蘆席、椽木、繩索搭蓋，賃典四外客商賣貨。此則自出物料人工，會畢即便拆去，較廊房不同。倘盡令道□從事，恐無如許物料人工；若任其空閑，則客商難以露宿，又恐裹足不前。合無仍照往規，聽其搭蓋，止輸地租，以供廟用。亦以本年爲始，銀數多寡，并入冊內申報，俟詳允之日，勒石遵守，永昭憲臺秉公敬神之盛舉等緣由，申詳本司蒙批神廟廊房基址，豈容豪強侵占。既經該州查明如詳，悉歸廟內收賃，仍選有德道□，經管造冊報查，積爲本廟五年小修，十年大修之用，餘俱照議行。仍勒石永禁。以後如有侵占情弊，該州查明申報以憑嚴究繳，等因蒙此。又蒙本府正堂加一級周批詳蒙批，既經臬司批允，仰照司詳行，仍候轉報守道批示，繳蒙此。又蒙山西分守河東道布政司參政王批，詳同前事等因，蒙□擬合勒碑永禁，俱即查照遵行。

　　康熙貳拾捌年閏叁月拾捌日立石，康熙伍拾陸年柒月吉旦重立。

清（一）

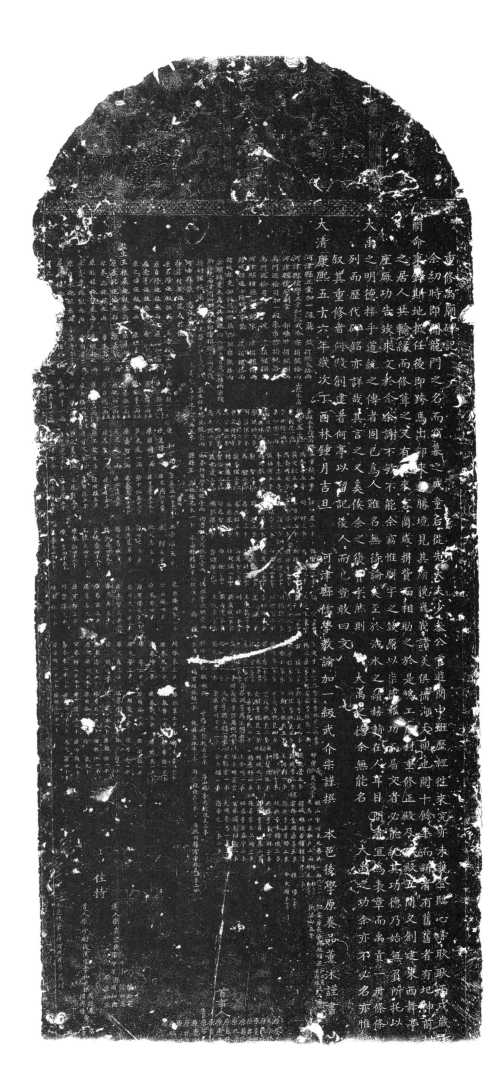

324. 重修禹廟碑記

立石年代：清康熙五十六年（1717年）
原石尺寸：高195厘米，寬83厘米
石存地點：運城市河津市博物館

〔碑額〕：古大禹碑

重修禹廟碑記

余幼時即聞龍門之名而竊慕之，成童后，從先大夫少參公宦游關中，雖歷經往來，究亦未獲登臨，心嘗耿耿。丙戌歲，承簡命秉鐸斯地，抵任後即跨馬出郊，來游勝境。見其廟貌巍峨，諸美俱備，洵大觀也。閱十餘年而新者有舊，舊者有圮，神前村之居人共輸緣而修葺之。又有□來客商，咸捐資而相助之。於是鳩工庀材，重修正殿及□殿五間，又創建東西舞亭二座。厥功告竣，求文於余。余謝不敏不能。余竊惟廟宇之設，原以崇德報功，而屬文者，必能紀其功德，乃始無負所托。以大禹之明德，接乎道統之傳者，固已爲人難名，無待論矣。至於治水之績，赫赫在人耳目間者，宜爲表章。而《禹貢》一冊，條條叙列，而歷代碑銘亦詳哉其言之，又奚俟余之復贅乎？然則大禹之德，余無能名，大禹之功，余亦不必名。亦惟是叙其重修者何殿，創建者何亭，以留記後人而已，豈敢曰文。

河津縣儒學教諭加一級武介宗謹撰，本邑後學原養品薰沐謹書。

河津縣正堂加一級聶儆捐銀叁拾兩。河津縣儒學正堂加一級武介宗捐銀拾兩。河津縣儒學副堂郜焕翀捐銀捌兩。禹門巡檢司加一級朱希哲捐銀拾兩。禹門巡檢司沈淶捐銀捌兩。河津縣捕廳加□級宋璜捐銀捌兩。韓城縣進士候補主事張綖捐銀拾兩。韓城縣吏部候選知縣張念祖捐銀拾兩。倉頭鎮賣木商人共□璃工銀壹百貳拾陸兩柒錢。新任陝西潼關所加一級朱印隆捐銀壹兩貳錢。樊村鎮候選州□任允鰲施銀壹兩貳錢。河曲縣張鼎施銀貳兩伍錢……

神前村布施花名於後：

原君隆施銀伍兩，原自修施銀叁兩，原愈亨施銀叁兩，原之浩施銀叁兩，監生王振基施銀叁兩，原養德施銀叁兩，原養志施銀叁兩，原鵬程施銀叁兩，原含章施銀叁兩，原自水施銀叁兩，原□信施□□□，原之□□□□□，王帝珍三兩，原拱二兩七錢七分，原林二兩一錢□分，原拱阜□□五錢□分，原自印二兩，原養宿二兩，原養品二兩，原朋起二兩，原朋肖二兩，原奇亨二兩，原丕福二兩，□□□□兩。楊文顯一兩五錢，原之隆一兩五錢八分，原譚一兩五錢，原叙亨一兩五錢，原養朝一兩五錢，原之河一兩五錢，原自惕一兩五錢，原□亨一兩二錢三分，原大隆一兩一錢□□，原偭一兩□錢，原啓亨一兩，原良亨一兩。原和一兩，原道隆一兩，原朋博一兩，蘆太鳳一兩，原養智一兩，王之成一兩，原養言一兩，原丕欽九錢，原可久八錢二分，原之美七錢七分，原養連七錢一分，原之厘七錢，原養溫六錢五分，原光鼎六錢四分，原養貴五錢九分，柴丁仁五錢六分，原養肖五錢四分，原必清五錢，原尔亨五錢，原朋福五錢，原朋務五錢，王近朝五錢，原卓隆五錢，楊德福五錢。王帝瑞五錢，原鐸五錢，阮大志五錢，原可通五錢，任茂星五錢，楊文著五錢，楊弘升四錢九分，蘆大廣四錢八分，王德立四錢八分，原奉初四錢七分，原吉四錢五分，□學全四錢三分，原尔隆四錢二分，原自福四錢，原養苗四錢，原可隆三錢二分，原可先三錢二分，原本智三錢二分，原之具三錢，原養京三錢，原養占三錢，原可仰三錢，劉宗漢三錢，原朋懷三錢，趙啓奉三錢，原養足三錢，原養坤三錢，原昇三錢，原之安三錢，原之森三錢，原讀三錢，原本清三錢，原之要二錢五分，宜養祥二錢五分，郭金奉二錢三分，原自明二錢二分，原拱翠二錢一分，□養哲二錢，原養敬二錢，原勤隆二錢，□朋敬二錢，原養度二錢，原京一錢八分，原自玉一錢八分，原朋洽一□，原渭一錢二分，呂□云一錢六分，原朋合一錢一分，楊文章一錢一分，□希隆一錢一分，原拱真一錢一分，原尔福一錢，侯司美一錢，張文清一錢，原朋順一錢，謝尔江一錢，原康九分，原內朝九分，馬文蘭四分半。

首事人：原養品、王帝珍、原養祉、原養聰、原君隆、原爾隆、原之浩、原自修、原愈亨、原自福、生員原可久、原養宿、原拱阜、原拱、原鵬程、原□。

住持道人衛真容，徒吳冲斗、陳冲星，孫陳和亮、韓和恩、周和良、原和京。住持道人原冲耐，徒道官李和更，孫吳德基、周德僧，曾孫趙□□、董□□。

本邑鐵筆薛可成、男崇義刊。

大清康熙五十六年歲次丁酉林鍾月吉旦。

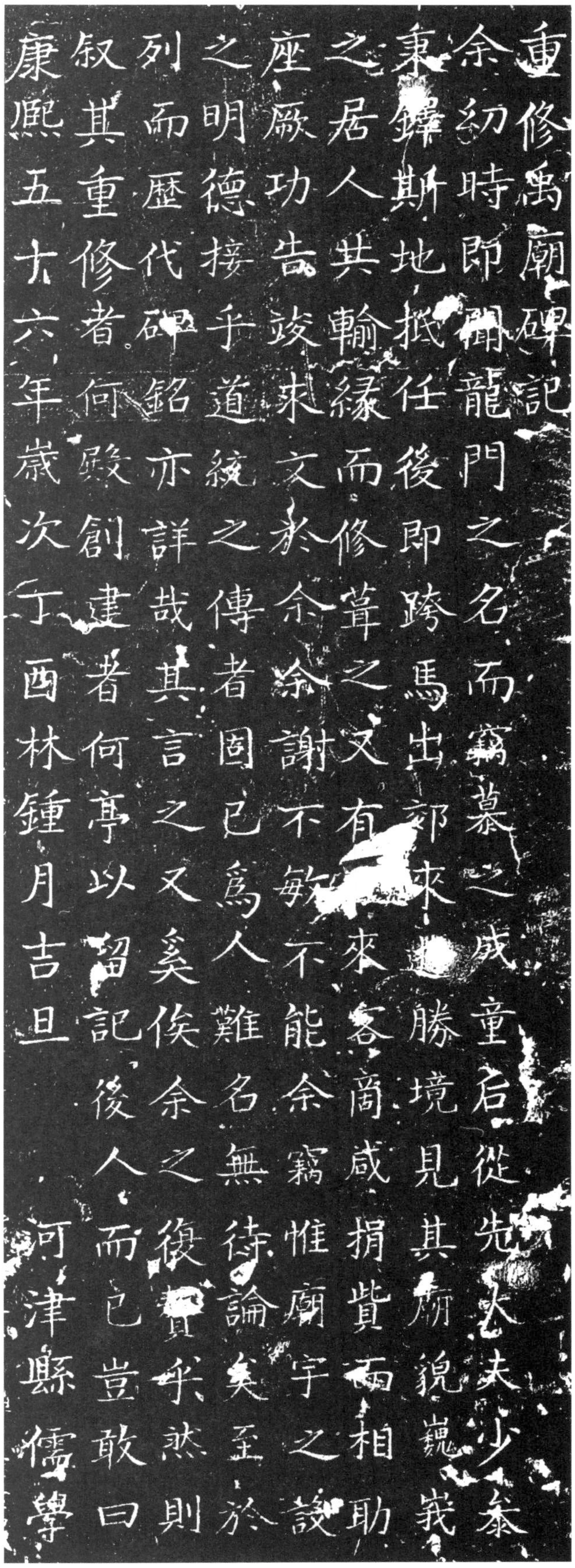

重修禹廟碑記

余幼時即聞龍門之名，而竊慕之。成童後，從先太夫少秦

之東鑣斯地，抵任後，即跨馬出郭來遊勝境，見其廟貌巍峩

之居人，共輸緣而修葺之文有，於余謝不敏，不能余窺惟廟宇之設

座厥明德接于道綏之傳者固已為人難名之彼貿然則

列而重修者，何殿創建者，何亭以留記後人而已，豈敢曰

叙其重修者，何殿創建者，何亭以留記後人而已，豈敢曰

康熙五十六年歲次于西林鍾月吉旦　　　河津縣儒學

《重修禹廟碑記》拓片局部

733

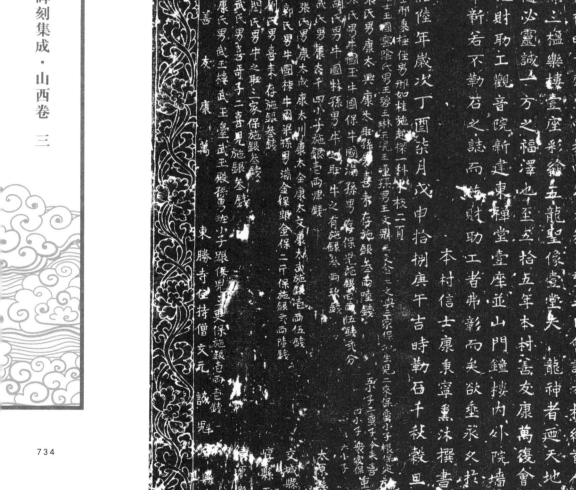

創建龍王廟碑記

天地者天下人之父母也有生成人之德焉所以神為萬物之主人為萬物之靈神非人
不居人非神不生朱地朱地以獨治也而旱潦晴各有所司之神風雲雷雨俱有所
主之聖是猶下界明王分獻布化之理也今晉陽五臺鄉火小都郝家莊村
觀音堂住持僧福明于康熙四拾四年太簇月望五日請本村善友康東寧等慕化資財創
建龍王廟三楹樂棲壹座彩繪五龍聖像壹堂矣
求雨應徹禱必靈誠一方之福澤也至五拾五年本村善友康復會本村善友等慕化資財
各以地畝施財助工觀音院新建東輝堂壹座並山門鐘樓內外院墻不一載而工程
以完煥然丰新若不勒石之誌而誰天地司雨之神也野龍神者徧天地而无欲垂永久欸不朽是以勒碑
而刻銘嘗　　　　本村信士康東寧熏沐撰書

大清康熙伍拾陸年歲次丁酉柒月戊申拾捌庚午吉時勒石千秋穀旦

325. 創建龍王廟碑記

立石年代：清康熙五十六年（1717 年）
原石尺寸：高 108 厘米，寬 59 厘米
石存地點：太原市古交市桃園街道郝家莊村龍王廟

〔碑額〕：皇帝萬歲

創建龍王廟碑記

天地者，天下人之父母也，有生成人之德焉。所以神爲萬物之主，人爲萬物之靈，神非人不居，人非神不生，天地不能以獨治也。而旱潦霧晴，各有所司之神，風雲雷雨，俱有所主之聖，是猶下界明王分猷布化之理也。今晋陽五臺鄉大川都郝家庄村觀音堂住持僧福明，于康熙四拾四年太簇月望五日，會請本村糾首人等，募化資財，創建龍王廟三楹，樂樓壹座，彩繪五龍聖像壹堂。夫龍神者，乃天地司雨之神也，所求必應，所禱必靈，誠一方之福澤也。至五拾五年，本村善友康萬復會本村糾首人等，各以地畝施財助工，觀音院新建東禪堂壹座，并山門、鐘樓、内外院墻，不一載而工程以完，焕然聿新。若不勒石之誌，而施財助工者弗彰而矣。欲垂永久於不朽，是以勒碑而刻銘。

本村信士康秉寧熏〔薰〕沐撰書。

交城縣功德主信士邢秉極，侄男邢如桂，施越梁一科、木板二頁。本都扶梁功德主信士王國雲、陰氏，男王碧、王琳、王現、王瑾，孫男王文魁、王文金、王文興，三家保、□生兒、二來保、蠻小子、根保定、五小子、二蠻子、今來喜、四小子、衆家保、六小子，重孫男二經鎖、起經鎖，施銀拾叁兩肆錢。

本村經理糾首：信士康周、張氏，男康太興、康太旺，孫男喜來存，施銀叁兩陸錢；信士牛玉威、張氏，男牛國玉、牛國保、牛國滿，孫男存保兒，施銀壹兩伍錢貳分；信士牛玉成、胡氏，男牛國林，孫男牛之旺、牛之有，施銀叁兩玖錢；信士康茂雨、武氏，男康大干、四小子，施銀壹兩肆錢；信士康茂雲、張氏，男康太成、康太川、康太全、康太文、康太武，施銀壹兩伍錢；信士牛玉峰、郭氏，男牛國棟、牛國梁，孫男滿金保、頭金保、二斤保，施銀貳兩陸錢；信士康太興、劉氏，男喜來存，施銀叁錢；信士牛國林、閆氏，男牛之旺、三家保，施銀叁錢；信士王文金、武氏，男喜奇子、二喜兒，施銀叁錢；信士武明生、康氏，男武玉樓、武玉臺、武玉殿，孫男班小子、跟保兒、三更保，施銀壹兩壹錢。

本村善友康萬，東勝寺住持僧文元、誠魁。

太原縣丹青崔璽，交城縣泥水匠邢計功、郭之宿，崞縣玉工姚長基，清源縣木匠苗永德、李興，□縣鐵匠武自英、侯邦富。

時大清康熙伍拾陸年歲次丁酉柒月戊申拾捌庚午吉時勒石千秋穀旦。

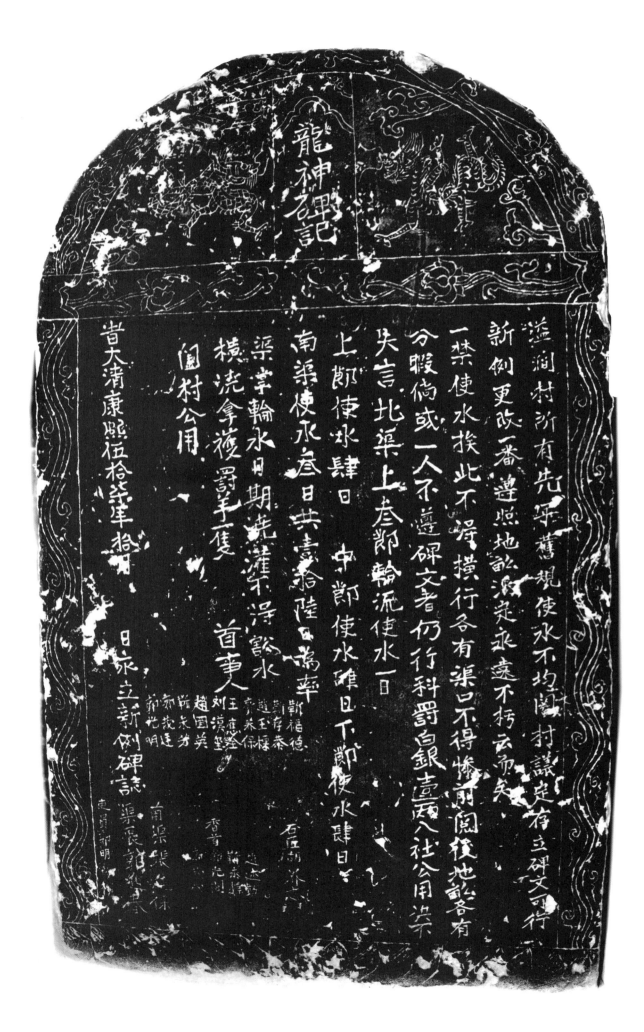

龍神廟記

溢澗村所有先年舊規使水不均嚴村議定存立碑文可行

新例更改一番遵照地畝次定永遠不拆云而矣

一禁使水挨此不得撲行各有渠口不得悖謝閘後地畝各有

分畦偽或一人不遵碑文者仍行科罰白銀壹兩八社公用沒

失言北渠上叅節輪流使水一日中節使水碑日下節使水肆日

上節使水肆日

南渠使水叁日共壹拾陸日為率

渠掌輪水日期流灌禾浮豁水

橫洮拿襖罰羊一隻

首事

闔村公用

劉漢璧

王應登

趙國英

郭永芳

郭敬迢

郭地明

靳福德

靳存恭

趙王棌

齊森保

石匠劉先用

首渠張文保

渠長郭龍

當大清康熙伍拾柒年拾

日永立新例碑誌

通員邦明

326. 溢澗村使水公約碑記

立石年代：清康熙五十七年（1718年）
原石尺寸：高100厘米，寬57厘米
石存地點：臨汾市霍州市辛置鎮北益昌村媧皇廟

〔碑額〕：龍神碑記

溢澗村所有先年舊規，使水不均。闔村議定，存立碑文。可行新例，更改一番。遵照地畝派定，永遠不朽云而矣。

一禁使水挨此，不得橫行。各有渠口，不得添前閱後。地畝各有分暇，倘或一人不遵碑文者，仍行科罰白銀壹兩，入社公用，決不失言。

北渠上叁節輪流使水一日。上節使水肆日，中節使水肆日，下節使水肆日。南渠使水叁日。共壹拾陸日爲率。渠掌輪水日期，浇灌不得豁水。橫浇拿穫，罰羊一隻，闔村公用。

（以下首事人、香首等芳名略而不錄）

時大清康熙伍拾柒年拾月日永立新例碑誌。

永固橋碑記

澤郡城東水北村者緣以丹河之遶南而得名也遠眺東北山川拱秀而深溝峻岸則迫其西一村之要徑左是爲環顧足涉之中十連丹水北揚風山九

澤州沁河河決則兩岸行人恒對面而嗟天涯予等訪支經此每戚七爲鄉人交以徒步尚弱顛仆則車行從可知矣及城載戴余復過此除其兩岸

重壁一橋空石巨工堅斑名永固斯利賴及於一方功德重諸萬世等與小哉伊誰之力與蓋莫鄉之中率多好善而其最則莘知兒琦司公之從善作

日常有藥橋西湮之具公難年驗古稀倍切歪承先人之志愛善晝屋臨酒飴用高諸同鄰善士特具慕跡區告夫合影久人因敦榆票輔力鄉之路左於深

易蔑莖施帛同人之賛勲瀾殷更有奉鄉望族既樂捐金于基始復顧桓力以圖成而蓋而司以之邊可山群者司公之思橋而此路左於深

口通高岸獨任載之車時防穀擊難徑員荷之人益震冑寧固以己曰四亩易迩一淺爭俵池縮於不足務期勁瀾而有能徑以以邊鄉人應者何謀其晝

東西固居而遮衜南比此属要經橋既立東西難則孚阻力比不丈將有問乎以乃澒出已襄買澒掌地三叚以爲南比便徑以以邊鄉人應者何謀其晝

以對治曰先者秀者經營粹其始少者此者攻作于其後余何功之有公誠可謂長厚之君子也夫問其創始則肇基于康熙四十五年二月十六日間

告成則荒於康熙五十七年四月十五日今而後行人免蹇蹶之患車馬解倒慶之危任升流泊溢不致隔岸以相呼卸即霆雨連緜等澒蹬泥而步渭是溜

不左一人而左千萬人不左一世而左千萬世矣鄉公問序扵余余遂因事附言以誌不朽云

別駕庫生隆廷墓書
庫生司永彬篆

同武進士出身新江寧沒徽守倚孔毓潤撰

晋邑大清康熙五十八年歲次己亥仁月穀旦

327. 永固橋碑記

立石年代：清康熙五十八年（1719 年）
原石尺寸：高 75 厘米，寬 20 厘米
石存地點：晋城市澤州縣金村鎮水北村永固橋

澤郡城東水北村者，緣以丹河之繞南而得名也。遠眺東北，山川拱秀，而深溝峻岸則近逼其西，一村之要徑在是焉。環顧是溝之中，南連丹水，北接鳳山，凡遇春霖秋潦，河泛水漲，則兩岸行人怕對面而嗟天涯。

予昔訪友經此，每戚戚爲鄉人憂，以徒步尚爾顛仆，則車行從可知矣。及越數載，余復過此，隆見兩岸連壁，一橋橫空，石巨工堅，題名永固。斯利賴及於一方，功德垂諸萬世。

猗與休哉！伊誰之力與？蓋是鄉之中率多好善，而其最者，則莫如崑琦司公□，念厥考□日，常有築橋西陲之思。公雖年逾古稀，倍切丕承先人之志。爰是屢備酒肴，用商諸同鄉善士；特具募疏，遍告夫合夥友人。因致輸粟輸力，鄉人之從善維勇；施金施帛，同人之贊襄彌殷。更有本郡望族，既樂輸金於基始，復願拔力以圖成，由是而司公之憂可少釋者。

司公之謀乃彌周也。蓋思橋西之路，左臨深□，右逼高岸，匪獨任載之車時防轂擊，雖在負荷之人并慮肩摩。因以己田四畞易道旁地一埈，寧使地縮於不足，務期路闊而有餘。更可念者，斯橋未建之時，東西固爲通衢，南北亦屬要徑。橋既立，東西雖則無阻，南北不又將有間乎？公乃復出己囊，買後掌地三段，以爲南北便徑。公之爲鄉人慮者，何詳且盡也。□公則謝之曰："老者秀者經營於其始，少者壯者攻作于其後，余何功之有？"公誠可謂長厚之君子也。

夫問其創始，則肇基于康熙四十五年二月十六日；問□告成，則竟於康熙五十七年四月十五日。今而後，行人免躑躅之患，車馬鮮傾覆之危。任丹流泛濫，不致隔岸以相呼；即淫雨連綿，寧復踏泥而步滑。是澤□不在一人而在千萬人，不在一世而在千萬世矣。鄉人問序于余，余遂因事附言，以誌不朽云。

□同武進士出身、浙江寧波衛守備孔毓潤撰，郡庠生李廷基書，郡庠生司永彬篆。

時大清康熙五十八年歲次己亥二月穀旦。

328. 重修藏山大王神廟碑記

立石年代：清康熙五十八年（1719年）
原石尺寸：高102厘米，寬50厘米
石存地點：陽泉市盂縣孫家莊鎮石店村觀音廟

〔碑額〕：善緣題名
重修藏山大王神廟碑記

石店村□□□文子祠，舉含生負氣之倫，飲食衣服之衆，靡不被澤实厚，□□□□貌，□殘土久□□□之。余姻戚王公諱誥，意已夆而年未逮。其子諱世朋繼序……檐牙摧者悉易之，駕瓦缺者悉補之，環堵不堅者悉砌之，淡妝不肅者悉繪之，□□□□悉更新之，畫棟丹楹悉重飾之。凡其財用、匠作以及工役飯饌，無非出于世朋之家資□外。此惟世朋諸兄隨力附善，世朋亦不敢以没其名，是固世朋父子之功德也哉。然而功何敢以自伐？德何敢以自矜？惟願與闔村之長幼居民共勒社祀于不衰，共沐風雨之福澤于無疆云尔。伐石鏤碑，余因以記之。

邑人廩生郝之翼沐手撰并書。

功德主：王門郝氏，男王世朋謹重修,孫王美、王華、王超；王發財，男王昌、王卓施銀壹兩貳錢；王□銀施銀五錢；□□，男王渭施銀壹兩貳錢。

住持道人：呂清嵐。木匠：白玉、郭文旺、刘禄。泥水匠：徐連忠。画匠：聶廷宰、聶俊。鐵筆：王文秀、王文瑞、王輔、王弼。油匠：張伸。

時大清康熙伍拾捌年歲次己亥四月吉。

清（一）

龍飛

重脩龍天廟序

龍天神聖有矢有地即有龍天之神自康熙丁卯年間建立坐在城

內西府西街年久日深廟貌荒異衆心懸懷並瀝杯林純陽之

王曹等虔心起意塑像粧金赫赫威靈堂堂感應庇護儼然威感

首壮劉成等重脩廟宇新建西房二間朝夕酒掃淨焚香感

土神明而滋生賜帶澤霑霖之雨露家家得庇戶

員萬物皆求而遠者整怖願千年歲鎮萬載

天地以生成而庇康寧托神明而默祐有求皆應求而情願幾各歲月悉賴

清平士農工商莫沾恩無能報八

恩光如此而矣

康熙伍拾捌年歲次己亥陽月吉旦

廣東廣州府番禺縣弟子何文彩薰沐謹撰書丹

信士張一帝助銀二兩八錢

紀首劉起元助銀二錢

石匠成

329-1. 重修龍天廟序（碑陽）

立石年代：清康熙五十八年（1719 年）
原石尺寸：高 117 厘米，寬 54.3 厘米
石存地點：呂梁市汾陽市博物館

〔碑額〕：重修碑記　龍　虎

重修龍天廟序

龍天神聖，有天有地，即有龍天之神。自康熙丁卯年間建立，坐在城內西府西街。年久日深，廟貌荒异，衆心懸懷，并無杯鉢。純陽之主管等虔心起意，塑像妝金，赫赫威靈，堂堂感應，四海儼然。糾首王奇、王亨、劉成業等重修廟宇。新建西房二間，朝夕洒掃，潔淨焚香，感天地以生成，賴神明而默祐。有求皆應，求甘霖而濟萬物，禱境土而庇康寧，托神靈而滋生，賜霈澤甘霖之雨露，家家得庇，户户沾恩。無能報答，立碑刻石，永遠香燈。惟願千年威鎮，萬載清平。士農工商而沾恩，萬物皆求而情願。凡居歲月，悉賴恩光，如此而矣。

廣東廣州府番禺縣弟子何文彩薰沐謹撰書丹。

糾首王奇助銀一兩八錢，信士張管助銀六錢，糾首劉起元助銀六錢。

石匠成伯盛、成□瑛。

康熙伍拾捌年歲次己亥陽月吉旦。

329-2. 重修龍天廟序（碑陰）

立石年代：清康熙五十八年（1719 年）
原石尺寸：高 117 厘米，寬 54.3 厘米
石存地點：呂梁市汾陽市博物館

〔碑額〕：碑記
　　糾首：楊德、王亨、劉國元、劉大業、王永秀、原德仁、李登魁、劉成業，以上各施銀三錢。信士劉澤功助銀三錢六分。信士王德琯、趙臣，以上各施銀二錢四分。信士張惠興、王國輔、李敬、王永福、郭德榮、王永清、李生德、王家祚、馬興、高賢禄、王嘉賓、劉典、劉欽䣱、王永禄、劉自振、武宏綬、武宏組、賈發、王之瑞、王之玟，以上各施銀一錢二分。信士賀福興、張所成、李荣、趙志其、程荣貴、任富、張振之、常元照、李奇唐、李燦、馮士奇、呂大□、崔永隆、李珍、王永貞、張存俊、李枝梅，以上各施銀六分。信士王孝、武奇、馬輝、張喜，以上各施銀三錢。信婦王門田氏、張門馮氏、韓門安氏、王門孫氏、劉門趙氏、王門張氏，以上各施銀一錢二分。信婦劉門靳氏、劉門郭氏、王門郭氏、武門李氏、張門劉氏、文門李氏，以上各施銀六分。信婦史門曹氏、王門趙氏、王門韓氏、王門田氏，以上各施銀三分。信婦韓門段氏、劉門成氏，以上各施銀一錢二分。信婦馬門郝氏、王門張氏、王門韓氏，以上各施銀六分。信婦王門張氏、魏門王氏、李門馬氏，以上各施銀三分。

清（一）

330. 五村新製神袍重妝龍王神記

立石年代：清康熙六十年（1721 年）
原石尺寸：高 60 厘米，寬 96 厘米
石存地點：運城市絳縣南樊鎮南柳村

五村新製神袍重妝龍王神記

　　嘗思衣服爲章身之具，革古圖新，人情類然，況神□□□昭昭者乎？五村有行神五尊，輪流奉祀。每逢朔望，莫□□□□□加禮焉。獨至袍制濫污，不惟旁觀不雅，即神靈亦覺減色。雖交接之時，各村非無添設，要不過男女之善者，私相募化，以新一時之耳目。迨不逾年，而輒爲披拂矣。歲康熙辛丑春正念日，適當會期，明禮之後，拜獻之餘，薄言釋美增輝。凡我五村屬在共事舉，翕然有同心焉。於是極爲采訪，不惜金多，得錦袍四領。若太尉者，若后稷，若金光后土二聖母，□焕乎有維新之象。即龍神古無袍服，就身妝飾，金碧丹青，□與諸神有同光焉。論以人事神，分屬應爾，本不足動齒顴頰；然一時公□□□□□聖神之意，或者當亦不容磨滅。爰勒片石爲記。

　　邑庠生員張綿世遐昌撰文，增廣生員楊著則明參閱，糧府書吏張繪素庵書丹。

　　（以下五村承首名單漫漶不清，略而不録）

　　畫匠郝虞興、男郝五常，針工李桂菊、□□□，玉工任明高刊。

　　時清康熙六十年□□吉旦。

皇清

禹廟永除差役碑記

邑侯錢公任律越五年德及而信乎政修而人和往往以其暇日徘徊細龍門以寄勝槩於是

明德宮導人薪和更以禹廟地差後為言曰龍門山下沙灘數頃西南瀕河東抵神前郵為

禹廟香火地河水漲溢出没無常粮近書十年更有差後黃冠者無以供掃除輒逃逸而廟

去窃念

大禹平成天地功往萬世踶鑿之勞龍門尤鉅而香火土田正供之外尚應差役伽俳啁明種

崇祀廢典之盛意敢以為請侯瞿然曰有是哉遂攄呈批云禹鑒龍門萬世藏疎恩德立朝

嵩祀廢民稍盡愚恍廟內香火地自應免其差役該里長公議復里民原養品等今議愈同

合詞其覆蒙批禹廟地土錢粮准著另立一項永遠免其差役可也李和更與諸里民衝咸

踴躍又慮其久而易湮也遂書其詳而刻之石

吾

康熙六十一年壬寅七月

本年應事　里長

住持道人

穀昌

331. 禹廟永除差役碑記

立石年代：清康熙六十一年（1722 年）
原石尺寸：高 156 厘米，寬 64 厘米
石存地點：運城市河津市博物館

〔碑額〕：皇清

禹廟永除差役碑記

邑侯錢公任津越五年，德及而信孚，政修而人和。往往以其暇日，徘徊龍門，以寄勝概。於是明德宮道人李和更以禹廟地差役爲言曰：龍門山下，沙灘数頃，西南瀕河，東抵神前村，爲禹廟香火地。河水漲溢，出没無常，粮近十石，十年更有差役。黄冠者無以供掃除，輒逃逸而去。竊念大禹平成天地，功在萬世，疏鑿之勞，龍門尤巨。而香火土田正供之外，尚應差役，似非肅明禋崇祀典之盛意，敢以爲請。侯瞿然曰：有是哉。遂據呈批云：禹鑿龍門，萬世咸沐恩德，立廟崇祀，庶民稍盡愚忱。廟内香火地自應免其差役。該里長公議，復里民原養品等公議僉同，合詞具覆，蒙批：禹廟地土錢粮，准着另立一項，永遠免其差役可也。李和更與諸里民銜感踴躍，又慮其久而易湮也，遂書其詳而刻之石。

本年應事里長：原養品、原自竹、原養肖、原朋翼、原□、原傑、原養昇、原朋超、原□。

住持道人衛真容，徒陳冲星，孫陳和亮、王和庭。原冲耐，徒李和更，孫吳德基，曾孫趙正文、董正□。

時康熙六十一年壬寅七月穀旦立。

332. 補修白龍廟記

立石年代：清康熙六十一年（1722 年）

原石尺寸：高 110 厘米，寬 62 厘米

石存地點：陽泉市盂縣萇池鎮東萇池村龍王廟

補修白龍廟記

聞之廢興有一定之數，成敗亦不易之□。如萇池東北隅有白龍神廟，由前迄今，人事凡幾矣。大……慮於後也，則雖或創之，而後將不繼，安□□其始者不鮮厥□哉。稽茲廟自崇禎重修，而後相沿日久……康熙年間，合村補葺，亦未載碑記。蓋亦廢興成敗，循環自然之理也。特具□之靈，亦靈於人恭敬奉祀□□□□建荒山，而不免有旦夕之騷□，□人心不屬而謂神輒應耶。先在康熙四□□□□間有□樹，茂發衆……植不保，有郗□□□□承……鍾、朱佩、尹國旺、侯加璽、尹昭、逯□法、張朝正、劉成貴等公議，祈……自禁後，如仍有前不法之徒牧放牛羊，斧斤砍伐，毀壞一株者，罰栽十株，且有通情容隱，知而不□□□加倍公罰，□□行立示。今值六十一年，復見廟成滴漏，郗增榮、侯萬里、李禹、王滿、侯君集略爲募化，少加補修，凡供棹脊□□爲□□。夫□□神固靈也，使加意培□葱葱鬱鬱，安在神功之赫濯，不以人心而□靈耶？

邑庠生李源頓首拜撰并書丹。

糾首：侯萬里，飯一人，銀一錢，工二人；郗增榮，飯四人，銀一錢，工八人；李禹，飯二人，銀一錢，工八人；侯君集，飯□□，銀五錢，工八人；王□，飯二人，銀五錢，工八人；朱佩，飯二人；（以下功德主芳名漫漶不清，略而不録）

康熙六十一年七月吉日記。

清（一）

333. 重修龍王廟碑記

立石年代：清康熙六十一年（1722年）

原石尺寸：高140厘米，寬65厘米

石存地點：太原市古交市河口鎮崖頭村東龍王廟

〔碑額〕：皇帝萬歲

重修碑記

盖聞□□生人也，作之君、之師。君□之，師教之，而□□之中實賴神以護佑之。是神……五龍掌澤之權者乎？晋陽城西五十里乾地崖頭村有五龍神祠，歷年久遠，風雨飄零，雀穿鼠吻，而廟貌頹然矣，而聖像金容亦且剥落也。往來善□、本村人氏，□□徘徊，□不嗟吁，則神之靈得毋怨恫乎？于是村中鄉老、糾首□住持僧人等，身任其□而又廣募十方善人，以督大工。由正殿以及兩廊、禪房、鍾樓以及山門，無不闕者補，舊者新，焕然鮮亮，以成大觀也。經始於康熙六十一年二月動工，告成於十月之内。工成完畢，經理僧人照憙，□日開光，立石刻名，問記於余。

余曰："誠心善哉，修葺保亦不易事也。今日之事，手胼足胝，惟潔其心力而已。日秉虔誠，恃惟整飭，以保其成功勿替也。復何言哉？"所有功德布施芳名列碑之右。

圪垛村龍王廟住持僧人寂通□撰。

經理糾首：張滿花、張滿萬、張茂威、張印禄、張印智。

本村衆姓人等：張一梁、張滿才、張滿宝、張滿珎、張滿崗、張滿廠、張滿山、張滿有、張滿斗、張滿富、張茂有、張茂宝、張茂明、庠生張茂文、張茂变、張印洪、張印的、張印福、張印文、張秀林、張滿祥、張滿合、張楊存喜、張貴開、張樹節、張一芳、張滿文、張滿楼、張□□、張滿□、張武□、張茂春、張茂□、張茂□、張茂□、張要、張□□、張□□、張楊保地、□石村、張崇□、張會□、張會安、張會雨、□□□、張崇的、張崇太、張崇明、張崇滿、張□□、張□□、張崇虎、張印金、張□節、張茂成、張茂海、張茂盛、張印成、張印官、張印宦、張印千、張印万、張滿海、張印榮、張印花、張印富、張印貴、張茂海、楊志川、張志珍、張一珍、張茂峰、張明、張順星、張祥、張茂星、張滿文、張崇官。

張印相施捨地方一間，張滿義施捨地堰一伴。

住持募化僧人：普旼，門徒通兖、通鑄，法孫心郡。

師祖寂通，師照憙，師叔照惠，師第普曜、普遷、普映、普□、侄通□、通□、通潤，法孫心□、心福。

河下村龍王廟住持叔祖寂玺、寂洪、門徒照成。

陰陽李志文，木匠王□宝、李崇花，泥匠郭録，書匠段法、段天禄、姚建隆，横渠村石匠白珩。

大清龍飛康熙玄默攝提應鐘上旬七日立。

而此廢也經幾懸豈是又所深望也巳謹記

堪相接居郡之東其閒有某地焉林幽壑靜水秀山清又洌清泉
火創建龍王三聖神殿於斯召其地日龍王洋意地以神名也
遺又經康熙三十四年地震殿宇稿楹蕩然無存而慶祝
交易演戲妥神猗妖禾共誠盛事也使其組豆馨香祀典永隆
之人心離思不惟昔之威月不見而神之祀亦幾于廢矣
碑建砥而搬梁摧折眾之人心離思不惟昔之威月
石壁未幾旬之間燦然一新但細流不可感海土壤未能成山

篆額
梅捐錢壹千五百文
伏村共抖錢叁拾八十炎四十文 千伏村程信昔丹
北王村國子監太學生程信昔丹
李萬申 趙下村錢富選捐錢壹十文
李天祿 千伏村 趙下村共抖錢貳拾九千七百六十文
薛漸彥 北王村抖錢首事人
李受 北王村抖錢首事人 李戚 李鍾華
後武 李鍾祥 劉積玉 李珍 李彥德 李作標
趙下村薛進智 樊秉乾 劉玉基 李隆 馮乾倉 崔
于伏村李春孝 社 喬榮在 程
月 北王村程福祥 李隆 英大俊
吉日 全 程義 同心石

754

334. 重修龍王三聖神殿碑記

立石年代：清康熙年間
原石尺寸：高70厘米，寬58厘米
石存地點：臨汾市堯都區段店鄉北練李村龍王溝

……壤相接，居郡之東，其間有勝地焉。林幽壑静，水秀山清，又有清泉數……之人，創建龍王三聖神殿於斯，名其地曰龍王溝，意地以神名也。繼……之西建后土、火星、子孫、法律、痘疹娘娘神殿。爾時享祀虔誠……考稽遺文，經康熙三十四年地震，殿宇檐楹蕩然無存，而口机又呈。至三十……誕，招商交易，演戲妥神。猗歟休哉！誠盛事也！使其俎豆馨香，祀典永隆，豈不美……即而棟梁摧折，兼之人心離異，不惟昔之盛事不再見，而神之祀亦幾乎廢矣。余……移磚運甓，搬石豎木，數旬之間，焕然一新。但細流不可成海，土壤未能成山，其廊……而興廢，已經幾歷，豈真天之氣數所係乎，亦人之離合所關也。後之視今，猶今之視……因時起事，而有興無廢也，是又所深望也已。謹記。

……篆額，北王村國子監太學生程信書丹。

（以下碑文略而不錄）

……十月吉日四社同立。

335. 段莊堡修井誌

立石年代：清雍正二年（1724 年）

原石尺寸：高 47 厘米，寬 77 厘米

石存地點：運城市新絳縣龍興鎮段家莊村

段莊堡修井誌

予莊大堡上居民近百家，而井僅一面，平時水猶足用，至夏間則歉然矣，居民無不以此爲慮。今歲春，井底頹壞，淤泥壅泉，不待夏而水已歉然。嗚呼！堡上無水，安能不求之堡下？往來艱辛，力實難支。予之弟遂與鄉友梁裕公糾衆共謀修理，彼此殷殷樂爲，遂覓工人以從事焉。後因予有桐邑之行，予弟偶染淋疾，未獲專理其事，心竊憾之。而梁裕公竭力綢繆，獨任其勞，暨予歸而井事已告竣矣。予不禁樂道裕公之好義，以一人而任衆人之勞，兼幸吾堡自今而後，不復憂水之或歉也。且一鄉之善事，要必有一二善士以倡之，吾莊應爲之善事，寧更無急急當行如修井者乎！吾願裕公事事皆如修井之善焉而善無窮矣，爰爲之誌。

莊人段惟揚撰。

施銀姓氏（以下姓氏人名漫漶不清，略而不錄）。

石工：段丙王、趙起朋。

雍正二年歲次甲辰七月十八日立石。

清（一）

336. 重修聖母五龍行祠碑記

立石年代：清雍正三年（1725 年）

原石尺寸：高 121 厘米，寬 58 厘米

石存地點：晉中市壽陽縣宗艾鎮東光村

重修聖母五龍行祠碑記

馬首郡北有山曰雙鳳，天地鍾靈，山川毓秀。聖母五龍神栖於斯，凡遇旱澇，禱即靈，祝即應，神感未有或爽者也。諸方人民創修廟寓，合築於雙鳳，分建於各村，良有以也。東廣村北舊有行祠，亦歷有年所矣。倘有旱患，遠則朝山，近則謁廟，祈祝於焉甚便也。但世遠年湮，風雨摧殘，而墻垣基址不無飄搖之患，金身像貌懼有剝落之傷。住持道士趙清理目擊心感，會衆而言曰：莫爲之前，美因弗彰；莫爲之繼，盛亦弗傳。如斯廟者忍坐□其凋敝邪？用是糾合衆議，併力齊心捐資財、輸工力，不數月而廢者舉、圮者興。廟貌其巍然也，金璧其生輝也，神像其顯灼也。雖曰仍其舊而制度之宜，竹苞松茂，詎云增其新而創造之善，鳥革翬飛。興工於孟春之月，告成於季夏之時。賈翁存仁等寄余碑文，余不□，詎敢諛言溢美也哉！惟願世相禪，代相接，後人之補葺，亦猶今人之綢繆，相承勿替，繼美無窮。亦曰有我聖母龍神，而千百世下禦灾捍患，庶不至無所禱也云爾。至若地勢之峻險，如游山之巔，清河之旁；繞如臨水之涯，青松高聳，喬木森然。此又前人卜擇之明，栽培之固，非後人所得預其功者，余亦無多贅也。是爲誌。

儒學生員魏國紀撰，本村逸士賈存仁書。

住持道士趙清理門徒□一濟施銀拾兩、置短畛地五畝價銀拾捌兩隨粮□升二合。師傅張太來、師侄□□□洲王□門孫李陽□、師叔張太和施銀一兩、□河□三畝價銀三兩粮六升九合。

鐵匠：尚玉□男存□、存□□工價，賈才富未用飯。□水匠：邢治才、賈如□。畫匠：□□茂、□太喜、趙鼎福。

鐵筆郝有福，男元臣刊。

時大清雍正三年歲次乙巳季夏穀旦立石。

337. 馬鞍山狐大夫廟碑記

立石年代：清雍正三年（1725 年）

原石尺寸：高 130 厘米，寬 60 厘米

石存地點：太原市古交市原相鄉馬鞍山狐大夫廟遺址

〔碑額〕：皇帝萬歲

馬鞍□□□狐大夫廟碑記

交之□□□□許有馬鞍山，峰巒秀麗，聳□雲霄，夏秋之□，奇花异草，香氣襲人，□邑□□□之首。□時，狐大夫與其子毛，□葬於其巔。鄉人□□夫之□，立廟於山。□□□□大夫□靈爽，福佑民生者有年。祠前一井，水極甘□，□值亢□，禱於大夫，取水□□，即甘霖立沛。自本邑以及鄰村，咸頌大夫之功德不□。□大觀二年賜忠惠廟，□□五年封□應侯，有明迄清屢□修葺。自康熙甲寅歲，□士偉□重修起建，增□□廡與山門、□□，無不厘然俱備。至丁卯歲，□照明等復□□修。至辛丑歲，忽爲□□□灾，殿宇神□爲之一燼，遠□□禱者，俱失所依。糾首□□□等謀欲興復，偕□□通明，糾合常蘇、郝、□、張、李、趙氏□□十二人，持册遍□。□□素敬大夫之靈，莫□樂輸恐後。於是鳩工□□，重新修……成□乙□之秋。若正□，□廊廡，若山門、樂樓，□模各仍其舊。□□□以寢宮，爲楹有三，□右益以□舍，爲□有二。崇其垣墉，飾以金碧，廟貌巍□，□堪與馬鞍山并□千古。□□竣，請記於余。□以大夫橋梓，生長交邑，其生平□□，邑乘載之甚悉，無容復贅。□即其修建之年，□督理之姓氏，歷歷誌之，以垂不□。

邑廩生白振新撰，邑庠生徐弘業書。

總理□首：常魁、蘇伏朝、張必□、郝進□、徐士雲、常宗□、韓天弟、李尚品、□滿明、蘇應全、張法、韓良威、徐作瑾。

住持僧：普玉、普輝、普金，門徒□昌、□明、□德，□孫心□、心□，重法孫圓啟。

石工：李昌英、李昌啟、李正□鐫。

大清雍正三年七月穀旦。

清（一）

761

338. 五龍洞募修建醮碑

立石年代：清雍正四年（1726年）

原石尺寸：高130厘米，寬56厘米

石存地點：臨汾市蒲縣紅道鄉五龍聖母廟

〔碑額〕：禱雨輒應碑記

五龍洞募修建醮碑

環蒲皆山也，其西北峰巒聳翠，崒崖巉岩者普雲也。普雲之南有石洞焉，□傳五龍聖母實式臨之，觸石膚寸，不崇朝而遍雨天下，殆勝境也。國朝雍正元年，自春徂夏，亢旱不雨，凡我汾民咸切憂憫。忽有太山龍王降巫示靈，謂五龍聖母神化無□，虔心祈禱，甘雨必降。余鄉之父老子弟，且驚且愕。群嗤爲妖誕可疑。余因向前，力證之曰："斯神之灵，久已顯應於蒲地。今者此舉，未必非天佑汾民，而遣之以導明路也。況旱魃爲災，倒懸已久，凡空中神祇耳，呼號之載道，豈其置若罔聞？請嘗試之，以觀斯神之響應與否。"而鄉之善知識，有生員郭鹿、香老郭凝琳者曰："唯唯。"于是率衆齋沐，插柳焚香，不憚奔走遠涉，而向洞中虔禱焉。維□神鑒丹懇，屏翳驅雲，少女鼓風，大沛甘霖之澍，而立傾福海之波，無遠無邇，咸沾膏潤。僉曰："斯雨也，夏麥遂成，秋禾獲種。凡我農民，何慶如之？"夏五月，爲聖母誕辰，我汾邑西鄉士民，感恩者咸願進香，望澤者忻言朝山，一時不期而會者六七百人。迨建醮趨拜已畢，山主呂、于二公再拜祝曰："自山場圮□，禋祀久廢，今者神之感應，無遠弗届，意者聖母之香烟其復興乎！"因集醮祭之餘資，鳩工庀材，□建獻臺一座，石窟三孔。聊以隆廟祀而寧人宇，庶幾勝境歷久常新，不致如昔之蕭條漸滅也夫！締修数載，工尚未竣，囑余爲文以記之。余思神之不忘□人，由人之不負乎神也。今以神之護佑而偶舉祀典，可不□盛歟！獨是凡事不難於其始，而難於其□。自兹以往，風雨時而年穀豐，其誰可忘神力於何有也哉？因撰鄙語，以爲後之望澤者勸云爾。

汾庠廩膳生員水瀚薰沐拜撰，汾庠弟子生員陳性善薰沐拜書。

時大清雍正四年四月仲呂穀旦，汾邑西鄉士民薰沐立石。

339. 栖龍宮增修東廠樓碑記

立石年代：清雍正四年（1726 年）
原石尺寸：高 154 厘米，寬 48 厘米
石存地點：晋城市澤州縣李寨鄉西龍村

〔碑額〕：栖龍宮增修東廠樓碑記

陽邑八景，栖龍潭不與焉，若望莽孤峰盤亭列嶂，與夫修真古洞諸名勝，余未獲游覽。然觀環潭列山，□□□嶢，高出雲表，穿岩斷石，翠柏蒼苔，不啻畫圖，即不有潭，亦云名勝。況乎潭夾兩山之間，當陽阿水之衝□，若空中甕，闊約十數丈，而淵深不可測，其奇天鐘，其必有龍焉，可知陳文貞公題石壁曰"蛟龍窟宅"。且當亢旱，禱雨澤者虔祝龍神，石擊潭中，甘霖輒應。則是潭也，又不維其奇，而維其靈，何不而更作陽邑□□乎？□□去九□台里許游仙臺者，必經其處，故略不志耶？

潭之陽有大陵焉，名曰龜山，建龍神殿宇。東西兩廊房十間，以各村社祈報于斯。修祀事者，前期俱各齋宿其中，頗覺狹隘。爰因有□柏貨□若干，庀材鳩工，就東樓起建敞樓五間，東南角樓上下兩間，并門牌改作高廊，丹艧砌壂。原銀不□，又照□捐銀若干。

工竣，囑余記其事，故併敘其名勝云。

邑庠生白□寅撰并書。

木質磚瓦工匠，共使銀四十八兩八錢零六厘。柏樹賣銀三十六兩，年半得利銀五兩□錢三分。□□大社捐銀八兩五錢，東西橫嶺大社捐銀八兩五錢。東社助工七十五工，西社助工九十五工。東西橫嶺大社立碑，祭神買半共使銀一兩五錢五分。

督工社首：王祚遠。章訓社首：衛鳳翥、衛道生、衛廣德、衛和清、衛時昇、衛起文、張廷義、衛可貴、衛起台、衛起貴、衛世德、衛起禄。東西橫嶺社首：張□斌、衛□迎、張□□、衛起生、王□瑞、李子祥、王□□、張文貴、□印甫、衛起璋、張□興、李和元、秦福旺、李居相、張軒。

廟院柏樹□株，康熙九年栽。

住持：性玉、性寶。

木匠：任福真、任福□。

玉工：衛洪生。

時雍正四年歲次丙午孟夏吉旦。

340. 二巫公獻亭詩碣

立石年代：清雍正五年（1727 年）
原石尺寸：高 64 厘米，寬 147 厘米
石存地點：運城市鹽湖區博物館

謁商相二巫公墓，題同年許廣平新創獻亭。梁迪。

夏王舊國二巫鄉，勛烈周書自昔詳。繼□兩朝扶戊乙，齊名六相重殷商。谷憑姓□爲增勝，墳在川原籍有光。倍使游人生□勸，獻亭新創自賢良。因過大邑聽鳴絃，暇日登臨仰昔賢。保義夙聞公父子，臺隍新創夏山川。高蒼夜朗中條月，畫棟朝連涑水烟。叨得拜瞻隨茂宰，溪毛還擬薦蘭荃。

和梁茂山同年作，許日爔。

父子名高典册中，遙遙今古幾尊崇。五朝保義殷商賴，兩世持衡尹陟同。地鍾禹城延秀氣，天連亳邑接王風。景行忝竊司抔土，敢後亭臺版築工。

陰森墓柏繞亭皋，趨拜低徊首重搔。月上瑶臺存皓魄，風生巫□卷雲濤。競言禹甸山河麗，誰識商臣品望高。三尺斷碑餘蔓□，重慚仰止屬□曹。

謁巫相父子墓，喜邑侯新亭告成，小詩志盛。邑致政，李永輝。

九圍駿業賴中興，每念亡書感慨生。實有四篇徵保乂，獨能兩世媲阿衡。山因德顯稱巫谷，墳若堂封對禹城。更築新亭勤拜掃，時瞻靈爽倚軒楹。

感君古意倍悠長，華表千年樹墓傍。尊禮頓令崇廟貌，尚書久……

雍正五年歲次丁未□□□□。

341. 新建龍天廟碑記

立石年代：清雍正七年（1729 年）
原石尺寸：高 110 厘米，寬 61 厘米
石存地點：晉中市壽陽縣平頭鎮水磨灘村龍天廟

〔碑額〕：新建碑記

壽邑之西有北山，北山之上，土□而泉甘，居民鮮少，其山蓋□石艾相接壤也。粵稽其時，有軒轅聖祖之賢臣，身□□山，見白鹿跑泉，歸化而爲神，故名曰白鹿寺也。其下□縣鄉民沾神福庇，咸建□而立像，凜凜乎而尊白龍大王□也。其鄉有水磨灘焉，昔之父老，其鄉比境，於□季辛巳歲，陳文全立龍天廟，後有白龍神像共立其中，鄉之人民朝夕供祀，由來久矣。迨至本朝庚子歲，蒙神□應，□地於西，衆□以爲祈禱雨澤之處，遂無□信焉。地主楊清正即願輸其□，與衆同議，皆樂於輸財、輸□。糾工□材，重修龍天廟於其上，中新建白龍殿□楹，南北兩廊、前殿、神路。□庚子歲興工，迄今己酉告成。昔因修理不給，而動村衆資財，故立石以誌之，庶使千古不朽云。

歲貢生□□祚撰，生員張□□書。

壽□縣正□李施銀伍錢，盂壽營守府王施銀伍錢。

（以下碑文漫漶不清，略而不録）

大清雍正七年歲次己酉無射下浣穀旦立。

342. 祈雨感應碑記

立石年代：清雍正七年（1729 年）

原石尺寸：高 210 厘米，寬 89 厘米

石存地點：晋城市澤州縣巴公鎮甘潤村

　　大清雍正七年七月十二日，闔社人等虔誠前往小析山祈禱神水。止拜兩朝，神水二瓶全放。十三日回村，安神未畢，甘霖普降三日三夜。是年，闔社樂享豐年。凡所求，神無不遂意，諸事難以枚舉，永爲記耳。

343. 重修碑記

立石年代：清雍正八年（1730 年）
原石尺寸：高 146 厘米，寬 56 厘米
石存地點：陽泉市盂縣仙人鄉交口村大王廟

〔碑額〕：流芳百世

重修碑記

盂邑之東有□□□□，雖山陬□壤，向善之心實勝於名都巨鄉。古來有大王神廟一所，祭□□雨，有感必應，但年遠日久，棟壁毀壞，神像凋零。有村民胡萬□□胞弟萬義，目睹心傷，慨然施銀若干，且又募勸村衆動工，遂將棟壁重修，神像金妝，不日之間，煥然維新矣。故立碑刻銘，以垂不朽云。

康熙歲次丙戌年王作孚撰書，聊表俚語，貽笑大方。

（以下爲功德主姓名及捐施銀兩，略而不錄）

大清雍正八年二月二十七日吉日立。

344. 交口村大王廟題名碑記

立石年代：清雍正八年（1730 年）
原石尺寸：高 130 厘米，寬 57 厘米
石存地點：陽泉市盂縣仙人鄉交口村大王廟

〔碑額〕：題名碑記

嘗聞祀神之道，當以誠，勿當以偽。誠則福生，偽則禍臨，乃必然之□也。康熙五十八年□□，則苗槁矣，村衆齊集於大王神廟抽簽祈卦，奈卦未告吉。歸而沐浴焚香，復祈於神，三……雨淋淋。應驗不□□□供唱戲以報神功。又恐祭□不以受與……財出本若干，迄今多□。因而積利有許，新□□室三間，□□獻戲三日，犧牲粢盛，皆有攸賴。□將姓名開列於石，庶乎□□□□□。

（以下碑文漫漶不清，略而不録）

大清雍正歲次庚戌年己卯月丙寅吉日立。

345. 白鹿寺重修碑記

立石年代：清雍正八年（1730 年）

原石尺寸：高 145 厘米，寬 82 厘米

石存地點：晋中市壽陽縣白鹿寺

……植之□□，雖則烏有，而丹崖百尺，□□千尋，陟其□而盂壽之風景一覽而□其概……天作也。古有白龍大王祠，非一世矣，所從來遠矣。其香火之資出於土田大……数在段王村，此固與廟并存，載在碑銘，無容復贅。獨是一往而不返者時也，歷久而必敝□□□□□康熙四十九年，廟宇壞矣。□非□□妥神□，而此寺之荒落，孰有過而問焉者。幸典守僧□□□志修葺，殫力募化，於是財貨雲集，而缺者補之，露者□之，朴者飾之，□数年而厥功告成。其崇閎之勢，視前而尤有加焉。此洵足爲祈報之所，而盂壽之巨觀也。事□□，需予爲記。予不能文，謹以俚□叙其始末，不至湮没而無傳，則閲千載而常昭矣。是則刻銘之意也夫。

本邑儒學增廣生員蘇必碩撰書。

文林郎知壽陽縣事加一級紀録一次紀功一次胡具體、盂壽營守府馮魁、□導董廷召、教諭王家賓、典史張弘文、郵政廳趙斌銀三兩，吏部候選州同知吳侔。

正功德主：

段王村：盧伏桂、閆氏，男成榮、馮氏；成花、閆氏；成發、潘氏、祁氏、李氏，孫景春、太春、遐昌、永昌、世昌，銀十一兩、米十石。□三福、孟氏，男□桂、孟氏；祥桂，劉氏，孫爾直、爾興、爾惠、爾蘭、爾薰，銀十一兩、米十石。李之明、王氏，男典、孟氏；翠、楊□，孫天開、天申、天鳳，銀十一兩、米□石。弓□□、□氏、□氏、□氏，男丹桂、孟□；成桂、□氏、□氏；入桂、王氏，孫鼎、生員□□、□□□勳密、廷敏，銀十一兩、米十石。

副□□主：

段王村：孟月□、李氏，男爾珍、楊氏；□祥、蘇氏，孫斗富、斗貴、斗元、斗威，銀五兩、米五石。

懸崖村：楊樓、喬氏，男□成、任□；天保、安氏；□祥、安氏，孫宗德、宗興、宗光，銀五兩、米五□。楊若□、□氏，男作楨、鄭氏；作□、□氏，孫□的、義、智仁、全垂，銀伍□、米五□。王□林、楊□，男桂春、李氏，孫大德、大有，銀五兩、米五石。

南張芹：生員高□蝠、張氏，男炳元，生員□臨、閆氏、李氏，孫世□、世燾，銀五兩、米□□。高璧、鄭氏，男向極、張氏；□□、孫氏；向□、□氏；向生、劉氏，孫錫□、鋅高、□□，銀五兩、米五石。安花、袁氏侄男□□、鄭氏；仁德、王氏；住□、高氏；有德、王□，孫召存、召保、喜成、□福，銀五兩、米五石。

□張芹：蘇永祺、□氏，男必顯、潘氏；生員□碩劉氏、楊氏，孫世明、昶明、繼明、□明、□明、景明、□明，銀五兩、米五石。

上峪鎮：王垂印、□氏、馬氏，男□員肖義，銀五兩、米五石。

野狐嶺：王玗銀八錢、米七斗。銀□錢、米□□：閆桂喜、王彪、閆桂永、王玉美、王玉良、

王□□、王大儒、閆桂士。銀五錢、米五斗：王舒、王玉有、閆成必、王玉庫、閆道友。（以下碑文漫漶不清，略而不錄）

鐵筆石匠：李鳳，男李法興，孫李興、子明的；李凰，男李法才，孫李才，子廣的刊。

大清雍正八年歲次庚戌仲夏□□吉旦立。

《白鹿寺重修碑記》拓片局部

346. 胡神廟碑記

立石年代：清雍正八年（1730 年）
原石尺寸：高 195 厘米，寬 76.5 厘米
石存地點：晉中市太谷區小白鄉西莊村

〔碑額〕：碑記

蓋聞國以民爲本，民以農爲本焉。然而，禾稼之昌茂，五谷之豐登，□□有雨澤之潤焉。且雨澤之潤其中，又有主之者耳，普降甘霖，乃天地自然之運。雨□一方，豈非聖神造化之感乎？吾鄉有胡神一廟，始自順治二年建立。歷年以來，有感必應。第因年深日久，未免廟宇頹毀。吾鄉善衆糾首等，舉意發心，四方募化，各出資財，共成盛事。因而另擇善地，重建廟宇三間。其廟貌妝顏，聖像金飾，無所不備。今已告竣，故立石書名，以誌不昧□爾！

本邑東鄉佛谷里郭堡村□儒韓世印撰書。

本村總理糾首：李守仁經理記賬目、李的儀、喬福虎經理布施銀、李時林經理、李守富經理、李時寧、李守公、李守威。

本村信士李富施廟基伍分。

大清龍飛雍正八年歲次庚戌六月癸未廿五壬戌吉日立。

347. 重修合山廟記

立石年代：清雍正九年（1731 年）
原石尺寸：高 165 厘米，寬 53 厘米
石存地點：晋中市和順縣合山聖母廟

重修合山神廟記

梁餘之景八，合山奇泉其一也。岫壑窈而深，雲山繚而曲。峭□□林，浮嵐疏綴，歷歷在指顧間。吾邑名區，當推此爲最。南峰麓有古祠，二□北向。□一冠帔而端坐者，懿濟夫人也。兩楹以□□、送生配，坊下石橋一通，清流涓涓，鄰□落悉飲之。其一冕旒絃纊，服九章，秉信圭者，顯澤侯□。門稍東，靈□一脉，流涸無時。鄉叟謂神司其蓄泄，即縣乘所載奇泉者是也。環祠喬□□百本，騷人韻士多徜徉而題咏焉。□□□，□以□耕來此□，游談於浮屠氏之精舍，得詳披古碣，始知二神皆樞姑氏子，盖姊弟也。其始末未甚悉，而□號□□宋，大率職雲雨，司休咎，爲吾邑□□。世□神始來，靈异如桴鼓。邑人欲祀之，卜其地未得，夜夢神示以地。明日鍬發，果得其鞭焉，因立祠祀之。歲旱則禱，禱斯應。四方祈年祝福者□□沐以丐靈。□歲四月間香火之會，數郡畢至，拜焚者以萬計。元時經略使張公奉命□亂，見圍不得脱，陰□□神。祝畢，飆風暴雨□至，□乃潰。□出，□却□。公感其佑，竭俸金以侈其廟制。國朝康熙四十四年夏六月，神忽附人傳□曰："蝗至矣，盍禦諸？"命鄉□有輦隨之，駐西北皐。少頃，飛蝗大至，□翼，目爲之蔽。至駐所，輒飛去。其年和邑之穀爲蝗□者十九，而環山□村落獨免。□《祀典》曰：能禦大灾則祀之，能捍大患則祀之。宜乎二神血食□斯而無艾也。第自炎宋來，廟貌迭廢，若金若元若明，重修者不一而足。明季流□□熾，□□者十去其六。□治間，畢柱等□而新之，已八十餘□□兹矣。宋□腐蠹者過半，平陂復隍之悲，斯又憑吊者所目擊心傷者也。浮□□慶協王君錫璧者，謀之諸鄉□□，圖補葺而苦於□□出，乃伐松□□□之，得其□舉，鳩工庀材，□石瓴甋，諸費悉取給於斯。□王君促其數不期□而殞。其兄錫寵、弟錫裳毅然爲諸人倡，而浮屠氏……不遑就寝者。改營夫人大殿三楹，香亭三楹，左白□祠一，右□尉祠一。及□光祠一，鐘樓、井樓、樂樓、額坊各一，創靈官三郎祠於門之□□。□□□殿三楹，香亭三楹，創東西廡各五楹。分相□六□。凡□墻階級閬閱垣墉，靡不畢舉。□戊申迄辛亥，歷四更寒暑，未敢言倦。嗚呼！……竟以文來請。恐驢鳴狗吠不堪聒庾信之耳，莫之□許。無如辭愈堅，請愈力，不獲已，勉撮鄙俚數言□□□末。雖東家之□，不免見者之胡□，弗計□。至於廣袤之弘敞，榮桷□翬飛，丹□之彩絢，大胥□而囑之矣，至復贅疣。

邑廩□□大士翰□撰文，邑庠生員□□玉□□書丹。

賜進士出身文林郎知樂平縣□和順縣印務高景□，□學訓導劉中柱，和順縣典史徐金章，和順營功加□□趙瑾倫。

僧會同、悟定，本廟主持□□□立石。

時清雍正九年□次□亥仲吕月上浣之吉。

348. 重修大禹聖廟碑記

立石年代：清雍正九年（1731 年）
原石尺寸：高 138 厘米，寬 54 厘米
石存地點：長治市壺關縣集店鎮辛村

重修大禹聖廟碑記

自古非常之聖□有非常之德，有非常之德始有非常之功。亘古迄今，未有如平地成天，一代立勳，萬世□□□也。□治□之□□□南條□始於□□故□□□□，治漳居首而戴聖人之德者冀方爲最。吾鄉大禹聖□之設□□□□□之□□，□可□。厥□重修是本一□於延祐之世，再著於萬曆年間，自萬曆□来，相衍一百五十……榱崩□□，□以栖神而報祀。合村公議修□，□費用□多，不可輕□，□而□地□□，挨門效力。自康熙六十年積至雍正九年，共聚金五百兩有奇。鳩工庀材，重修大殿三間，左殿、右□、東西廊房，前後二十四間，其餘未经傾□□，□以黝堊。自二月興工，五月告竣，廟貌□□，依然如翬而如飛。春秋報祀，宜其以妥而以侑。昔人論不朽有云：太上立德，其次立□。茲廟之修也，亦以□不朽云爾。

□邑歲貢張瑞璘薰沐敬書。

維首：……張□美、張□琬、貢生張瑞璘、秦養恒、王義臣、張瑞符、常增彦、張海貴、王坦、張瑞臣、張昌緒、李内蘭、秦洪通、秦洪瑞、王崇林、張瑞久、牛得富、王玉琮、張師孟、王京。

催管工張金花，住持僧源□，徒廣□，暨合村人等同立石。

時大清雍正九年□□辛亥七月望□三□。

349. 重建碑記

立石年代：清雍正十一年（1733年）
原石尺寸：高154厘米，寬69厘米
石存地點：臨汾市安澤縣和川鎮嶺南村麻衣寺

〔碑額〕：重建碑記

神之爲靈昭昭也，無以感之而不庇者，有以感之而無不庇□。麻衣寺古有□子龍，正殿創於唐暨□明，福澤兹境者，由來舊矣。乃歷年久遠，風雨漂搖，至明末而復遭火亂，傾覆無存，□今之人，鮮有悉其遺址者。無何威靈欲振，而□即爲之默啓。于雍正十年六月，而天氣亢旱，東祈西禱，并無應□。□石渠□老□等集會議曰："此寺古有龍神殿，洞迹猶可尋焉，胡不爲之一禱？"于是衆疾應諾，隨詣其□，□誠懇祈。不逾日，而靈雨其零，優渥遍于□□。自此靈聲□諸四方，來兹禱者不一，其□無不隨祈隨應焉，其靈爽式憑真有赫濯者。本村人等因□重建殿宇，而四方善士亦相與喜捨資材，共襄厥事。越明年功成告竣。命工勒石。余□□前由以揚神麻，以誌不朽云。

貢生□□沐手撰書。

□首事糾理人黃□施銀伍錢、助理生員常起顯施銀壹兩。

各村捨資信人花名于後：石渠村常守進施銀二錢，生員□寵施銀四錢，生員常鏡施銀三錢，生員常錦施銀三□，生員常開世施銀二錢……生員常遴施銀伍□，鄉長李養檜施銀□□，貢生趙自敏施銀伍錢，常守俞施銀二錢，常禮施銀二錢，李養桂施銀三錢，黃宴、黃廣施樹二株，張大文施銀一錢五□，常□世施銀一錢□□，常宗賢施銀五分，梁繼祖、賈滿倉、趙英、趙千福，施銀八錢外又施粟二石。（以下碑文略而不録）

皇□□正歲次癸丑四月□□日吉旦。

重脩西廟碑記

莫為之前雖美弗傳莫為之後雖盛弗傳晉邑之北上韓村有英濟侯祠里人訛呼為烈石乃春種秋穫時趙簡子臣晉大夫竇鳴
瀆也孔子恒賢之極聖極霧能驅旱魃能與雲開凡過凶旱吏民祈禱於下莫不響應明時巡撫蔚公談禱雨壇於城外
每望烈石雲起輒以為必兩也鄉人故立祠以祀之廟右有寒泉湧而西望脊名山環抱汾水旋遶向陽五郎覽渠引水灌溉
田苗則亦清物之功誠深矣或况烈石為晉陽八境之省禰迤來行人不絶如縷殿為建造舊脊宙廟七間佛殿院有禪室一
間因年遠日深傾倒顏歈臨鳳而至止者皆為之慨然與嘆然欲新之向禱搆經營非一木一植而能就茲有住持玄直茶舍
本村眾姓竭力同心共勸方東淳化本村信善或募近壇邾或木植兩廣夏或丹漆以金璧鳩工庀村審曲面勢傾者起之
不鼓懷縈節且此帀地實足以適吾性不然胡鳴乎令我流連之而不忍公是後也起呈雍正庚戌八年告成
於次年辛亥六月得暑不有紀載因景勢又民後故將諸君功德載之碑陰以志百卅不朽云姕
...
陽曲縣孔與崇慕化 本城進士楊廷記施銀劇兩
陽曲縣郗務汾州府知府寬容怕施銀牟兩 本城信士李賢節施銀弍兩
本邑知范重撚至西廟七間 信士范光陽金瓶聖像撚主殿三間另施銀弍兩
吏部候選同知范重撚至西廟七間 陽曲縣儒孝生員劉續撰 經理科首苗如塙...
本村傅人理兆書丹 ...
萬孟夏吉日立 榆次鐵筆張又良鐫

350. 重修西廊碑記

立石年代：清雍正十一年（1733 年）
原石尺寸：高 191 厘米，寬 79 厘米
石存地點：太原市尖草坪區竇大夫祠

重修西廊碑記

　　莫爲之前，雖美弗彰；莫爲之後，雖盛弗傳。晋邑西北上蘭村，有英濟侯祠，里人訛呼爲"烈石"，乃春秋時趙簡子臣晋大夫竇鳴犢也，孔子恒賢之。極聖極靈，能驅旱魃，能興雲雨。凡遇亢旱，吏民祈禱於亓下，無不響應。明時巡撫蕭公設禱雨壇於藩城外，每望烈石雲起，則以爲必雨也，鄉人故立祠以祀之。廟右有寒泉涌出，西望有名山環抱，汾水旋繞。向陽五村鑿渠引水灌溉田苗，則亓濟物之功誠深矣哉！況烈石爲晋陽八境之首稱，往來行人不絶如縷。殿内建造舊有西廊七間，佛殿院有禪室三間，因年遠日深，傾倒頹敗，臨風而至止者皆爲之慨然興嘆。然欲新之而締構經營，非一木一植所能就。兹有住持玄直，茶會本村衆姓協力同心，共襄乃事。或化本村信善，或募遠近檀那，或木植而廣厦，或丹漆以金壁。鳩工庀材，審曲面勢，傾者起之，顛者扶之，塵網者輝煌之。前視之則爲橫洞廊廡，後睹之則恍然一游觀者之奇居也。創立小院一所，墙以花檻，地則磚墁。幽雅清静之諿，較諸前人之規畫又焱新鮮一番矣。他日者，都人氏把酒臨風來兹，而隨携者睹水聲之潺潺，望山色之嵯峨，莫不鼓掌擊節曰："此亓地實足以怡吾情，實足以適吾性，不然胡爲乎令我流連之而不忍去？"是役也，起呈雍正庚戌八年，告成於次年辛亥六月徂暑。不有紀載因果，勢又泯没。故將諸君功德載之碑陰，以志百世不朽云爾。

　　陽曲縣儒學生員劉纘撰，本村僧人理兆書丹，榆次縣鐵筆張又良鐫。

　　山西等處承宣布政使司布政使蔣洞施銀肆兩，署太原府印務汾州府知府竇容恂施銀肆兩，陽曲縣知縣孔興宗募化，吏部候選同知范重撚玉西廊七間，本城進士楊廷詔施銀捌兩，本城信士李賢節施銀貳兩，信士范光陽金妝聖像撚玉殿三間另施銀貳兩。

　　經理糾首：苗如墉、苗如京、苗云鳳、苗奇、苗根。

　　大清雍正十一萬孟夏吉日立。

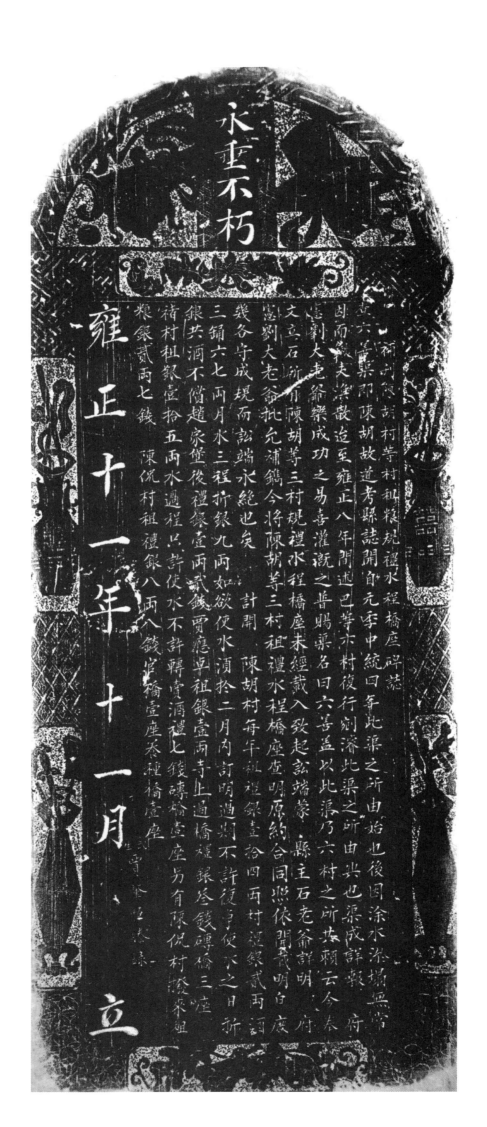

351. 補刊陳胡村等村租糧規禮水程橋座碑誌

立石年代：清雍正十一年（1733 年）

原石尺寸：高 107 厘米，寬 45 厘米

石存地點：晉中市榆次區修文鎮陳胡村真武廟

〔碑額〕：永垂不朽

補刊陳胡村等村租粮規禮水程橋座碑誌

查六善渠，即陳胡故道。考縣誌，開自元季中統四年，此渠之所由始也。後因涂水淤塌無常，因而鍬夫渙散。迨至雍正八年間，述巴等六村復行剜浚，此渠之所由興也。渠成，詳報府憲，劉大老爺樂成功之易，喜灌溉之普，賜渠名曰六善，蓋以此渠乃六村之所共賴云。今奉文立石。所有陳胡等三村規禮水程橋座，未經載入，致起訟端。蒙縣主石老爺詳明，府憲劉大老爺批允補鐫。今將陳胡等三村租禮水程橋座查明原約合同，照依開載明白。庶幾各守成規，而訟端永絶也矣。

計開陳胡村每年租禮銀壹拾四兩，村禮銀貳兩，酒三桶。六七兩月水三程，折銀九兩，如欲使水，須於二月內訂明，過期不許復争。使水之日，折銀共酒不償。趙家堡後禮銀壹兩貳錢。賈應卓租銀壹兩。寺上過橋禮銀叁錢，磚橋三座。褚村租銀壹拾五兩，水過程只許使水，不許轉賣，酒禮七錢，磚橋壹座。另有陳侃村撥來租粮銀貳兩七錢，陳侃村租禮銀八兩八錢，官橋壹座，養種橋壹座。

武生賈□□謄録。

雍正十一年十一月立。

352. 增修龍王廟碑記

立石年代：清雍正十二年（1734 年）
原石尺寸：高 118 厘米，寬 52 厘米
石存地點：運城市芮城縣學張鄉東橋頭村

〔碑額〕：大清碑記
增修龍王廟碑記

嘗聞：出山海而舞風雲者非龍乎？龍之爲靈，代天宣澤，禦灾捍患，功豈淺鮮哉？故通都大邑，水津要口，靡不□像而崇祀之。如余社東南大壑，古有鐵脚龍王神祀一楹。兩堆距其旁，峻嶺拱其北，兼茂林叢秀，清流映帶，真天然之佳境也。溯厥所由，建自康熙□十四年，有先祖撰碑可考而知也。奈風雨漂剥，不惟殿祠摧腐，亦且卑小狹隘，寧能□神靈而壯偉觀乎？□是公議，首事人李守等募化，本社李載熙外增施地基，錢粮仍爲熙辦。及廟之周圍樹株，不與合社相干。□鳩工庀材，正祠增廓三間，運石修臺，磚砌墙垣，更聯山門重新而橋梁再造矣。嘻！起工於春末，告竣於秋始，如此之遠者非盡人力之所能爲，而必神有以佑之也。由是知地因神而靈，廟依人而成。將見神忻，安居□錫。雨暘之福，人悦將敬。不斷蘋薦之典，伐石狀事，永垂不朽。

合社議定，凡遇献戲，迎送神駕俱係戲頭，不與神頭相干。

本社後學李維薰沐謹撰，李白操薰沐謹書。

首人：李廖、李守、李延慶、李盛佩、李居讓、李在活、李爲□、李有□、李紳，同立。

鐵筆匠：薛興讓、薛興正。

龍飛雍正十二年歲次甲寅菊月中浣之吉。

353. 重修三聖殿北閣龍王廟記

立石年代：清雍正十三年（1735 年）

原石尺寸：高 128 厘米，寬 56 厘米

石存地點：晋中市太谷區范村鎮上安村

〔碑額〕：碑記

重修三聖殿北閣龍王廟記

吾鄉上安，距城東北六十里，帶金水，枕玄山，東西陡絶其中，負土而出，峰岩峻險，而村以名焉！吾先世□築于此，因村以□祀龍神，先世之所以禱雨澤也。村中祀東□□□□□水草，先世之所以尊青帝，昭節義，大育養也！至于北建如來閣，雖西方聖人，不與中華，事……教暴戾潛消，際阻胥平，祀之也亦宜。今雖支分派遠，三百餘家供本同宗，時至告虔，世守勿替，無□尤也！今自雍正四年，由虞□丁嚴艱歸，見其廟貌就圮，遂動修葺意。未幾，讀禮方滿，匆匆催選，改補□□□職，乃抱志而去。于乙卯科，假鄉誠省親旋里，忽見三廟焕然，問誰首倡？或曰：吾弟董如立意捐募而舉事也！問誰協力？咸曰：□□□大宗小宗陶磚運甓，鳩工庀材，踴躍竭□而成也。余心喜之，急□石以記其事。非以□勞□□，後世子若□繼先世之志，述先世之事，□本睦族，一德同心，永如此舉。但家不□門墻，神無□□蝕□□式憑，雨暘時若，是余之所望歟！是余之所望歟！

直隸代州繁峙縣儒學教諭牛還修淵若氏謹撰，邑庠增廣生員牛樹勛凌標氏書丹。

總糾首：牛□修。

糾首：牛之貴、牛一重、牛生光、牛斗鈿、牛猶龍、牛弘□、牛健修、牛樹蕃、牛樹芝。

鐵筆匠：温萬明。

大清雍正十三年歲次乙卯九月上浣之吉。

354. 孫家山龍天廟碑

立石年代：清雍正十三年（1735 年）
原石尺寸：高 110 厘米，寬 57 厘米
石存地點：呂梁市方山縣大武鎮龍天廟

〔碑額〕：重建碑記　　日　月

古者事必有記，所以誌不忘也。故片長必録，微勞必書，非徒足以勸當世，亦且有以勵來茲。凡事類然，而況好耨心田，增喜福地，成一時之壯觀，垂不朽之盛事，忍令其渺焉無稽耶？如我州治北孫家山，有龍天廟一座，掌風雷，施雲雨，是鄉之民生攸關；極山巔，貫諸峰，茲土之氣運所係。造立原由，誠非無□，而獨惜其世遠失傳，不知始於何代，起自何人，今之視昔，不能無遺憾云□。至國朝康熙五六年間，稍爲補葺，其事其人亦幾與前此，同其湮没，然□父老猶能憶之。及今六十餘載，棟宇頹圮，神像凋零，凡屬鄉人，目擊心傷。□是不憚勤劬，力糾善士，各輸己資，復募化四方。廣一□□爲三楹，易土壁□環磚墻。玉堂暈草，重開化日之圖；金像凌霄，永護河山之固。郁哉廟貌維新，焕乎神灵有托。雖曰纂舊，實則創始，誠数百年之盛觀也。今工已成，事已□，凡茲地之春祈秋報者，得以望龍顔而伸其誠敬矣。若不刊石以垂□□，則時過事遷，後之人欲究覽其始終本末，而茫無所得，其抱□不猶□□□視昔耶？鄉人徵文於予。予謹爲序，以記之。

□庠廩膳生員大武鎮張錫璨薰沐撰并書。

本村經理：張玘祥、肖國定、張玘雷。

糾首：霍永年、郝□□、楊□□、韓建□、崔□昇、張□有、侯□□、□□□。

清雍正拾叁年拾月初捌日立。

355. 修理烏龍洞聖母殿碣

立石年代：清乾隆二年（1737 年）

原石尺寸：高 68 厘米，寬 100 厘米

石存地點：朔州市平魯區阻虎鄉烏龍洞祠

　　嘗聞山不在高，有仙則名；水不在深，有龍則靈。此山島雖微微一洞，烏龍老爺感應甚靈，名傳四方，人人皆來誠敬。時逢天旱，衆善虔心禱祝神水一滴，遠降甘霖，士庶人等心悅誠服。今也人皆無可報答，修理石窟，專勒一石，以圖永久，以垂不朽！芳名開列於左。

　　吏部候銓州同曹蓉施銀伍錢，庠生李淳、李沈、王恪各施銀叁錢，高起鳳、曹登瀛各施銀壹錢，贊禮、任有良施銀貳錢，楊開泰施銀壹錢。

　　施財衆姓：郭封公施銀壹兩，朱福貴施銀伍錢，周旺施肆錢，馬祥、趙進禎各施銀叁錢，馬如光施磬一口，馬仲武、馬忠科、王拳、李秀、蔡相、程永宦各施銀貳錢，刘天章施銀叁錢，楊儒榮、王貴、王廷相、侯國宣、高選、賈穩、侯文秀、張茂禎、申□、安三易、燕祚熙、郝希中、刘世榮、張印照、刘尚義、郝明珍、喬滿玉、周德各施銀貳錢。□萬寶、王滿敖、王繼約、□通達、李明維、□□、薛進官、閆旺、柴大用、王元庫、郭鼎、王懷綱、楊述綱、康麟圖、刘登、張伏、刘宝、賈崇業、張鼎、康榮、王佐、李珍、喬三正、程玉奇、王國明、李芬中、石琳、王宗儒、天成店、蔣以官、陳福英、張鼎、董成材、李成光、王尚榮、刘世普、白貴、刘保、郝正、寇喜、韓凰、蘇印、閆桓義、王福、曹□、馬□□、高貴、□仕□、李寶、謝昇、孔玉、尹京占、張禎、裴大閆、□□□、陳毓通、夔相舜、姚順、穆英、李宝、寇印、靳義、刘英、李元、王財、王誥、刘德、尹孝孔、李如花、牛世奇、刘富基、韓珍、高賓、趙繼典、樂貴、穆元、程景靈、□三公、黃士龍、張國、王光興、高安臣、刘國明、李順光、趙悟、任弘道、刘發財、刘雄、侯正邦、郭應照、高現龍、羅國興、潘泰、夔相禹、陳廷弼、秦仁、張萬斗、趙成龍、白自祥、黨國棟、刘世榮、王貴、王廷相、張印照、高有庫、王順、呂□、馮進忠、秦起旺、□發、喬國棟、刘維綱、張材□、侯正江、李直、李印□、刘彥、李花、刘靖廊、賈法、□國祥、譚治、李棟、高有忠、聶守德、徐止敬、杜培景、梁士榮、毛世清、李恒香、刘尚義、楊劄、王唐、喬圍柱、陳□、王世深、刘旺、張要、李日明、高放榮、尹亨、李柱、孫世元、刘奇、何有福、趙成貞、孔士林、冀國昌、段弘、毛登雲、崔豹、楊滿榮、刘珮、程加居、程琛、李芝□、郝明珍、喬通、王國鋒、宋光智、翟一旺、任折桂、谷玉、閆秀、柴大器、趙刘光、徐世魁、楊一資、楊述財、時有敖、刘元、刘仲元、刘有庫、冀國興、黑謨、張天會、朱繼貴、李守官、韓士林、李恒陽、曹武、葛祭夏、穆國極、武之魁、張鼐、刘琦、楊邦宰、張鼎、賈金、高應舉、李進科、王告起、刘昇、鄭太興、楊述庫、王忠、王朴、趙印光、李培生、魏明宗、蘇善功、秦起英、刘文支、陳喜、郭札、王惠、袁印、王魁、馬麟、馬忠良、李長盈、蘇善雄、刘禄、李如桂、王世俊、安官、王弼、楊國翰、鄭大財、沈養貴、李碧、姚士瀚、冀國貴、谷富、白亮、王玷、范寬、高選、段文瑞、陳世雄、刘褘、白攀龍、王者猶、張鳴詵、安守業、吳進、譚仁、冀榮德、柴世耀、刘旺昇、刘夆、郝進朝、楊國泗、王云、王斌、李榮先、刘宗盛、閆貴、蘇世文、任光耀、張貴、土成高、張然、高成，以上各施銀壹錢。

　　平魯縣城雜貨行施銀壹兩玖錢叁分。碾行施銀伍錢。高位、徐澤、張文燦、郝希俊、李恒香、仇薛、仇溥，捌人募化銀貳兩肆錢。董卿募化老牛坡村衆姓人等施銀玖錢伍分，土成高募化敗虎

堡軍民人等施銀肆錢伍分，老□城軍民人等施銀叁兩陸錢，王班募化下水頭村衆姓人等施銀肆錢伍分，瓦匠胡法□銀壹兩陸錢，張邦奇施銀貳錢，王杜管募化銀叁錢。

募化人：侯文昇、李有元、趙□、薛進財、土成台、李滿貴、孫祥、馬貴、王禹、刘印、高經、王福、陶進宦、任官、冀昇、刘喜、李淳、刘光夆、黑通、李潤，各施銀壹錢。

石匠：高綸。木匠：張有蒼、趙德信、馬忠科、高艮法。泥匠：馬貴、李明維、薛旺、馬忠孝。画匠：高統。

住持乙清門徒陽禎、陽信。

各項剩餘布施重修聖母殿石窟三間，以垂不朽。

乾隆貳年歲次丁巳季夏吉旦。

嘗聞山不在高有仙則名水不在深有龍則靈此

烏龍洞微微一洞

龍老爺感應甚靈各傳四方人人皆求誠敬時逢

旱發善慶心禱祝神水一滴速降霪霖士庶人等

悅誠服忿也人皆無可報卷修理石窟專勤一石

圖泉久以垂不朽芳名開列於左　嘗

乾隆弐年歲次丁巳季軍　吉旦

《修理烏龍洞聖母殿碣碑》拓片局部

356. 萇池村白龍神廟碑記

立石年代：清乾隆二年（1737年）
原石尺寸：高88厘米，寬48厘米
石存地點：陽泉市盂縣萇池鎮東萇池村白龍神廟

〔碑額〕：碑記

萇池村東北隅有白龍神廟，建自先代。鄉人雖不無香火之奉，而較諸他祀之竭誠致敬，黍稷惟馨者，殆不無稍憾焉。嗚呼！凡龍，皆神也。豈白龍神不足以飛騰變化，出没隱現如易，所云雲行雨施若是？乾隆丁巳歲，自春徂夏，四月亢旱不雨，耕澤鮮聞，心憂者久之。居民侯世艮、李良、尹昌富等勃發一念，以神密邇東瞳，當亦足以福我小民。爰虔誠致告，神果應之甚遠，是日即得霖雨，鄉人遂以于耜舉址。越六月，又不雨，輒□往事，神之應復如前。夫神之靈依然也，未禱罔靈，禱焉輒應。豈神有靈不靈之异，亦以人有敬不敬之异耳。秋既成，感神之惠，建禪房三間，又立石以爲後之求雨者勸。而且山之前後，左右嚴加謹飭，防牛羊樵采之害。固人心之好義爲之乎，抑神功之感應發越如是耳。

邑庠生李源謹撰，儒士侯衛郡沐手書。

糾首：侯世艮錢一百文，李讓錢八十文，尹昌富錢六十文，侯君信錢五十文，李良錢五十文，李光彥錢四十文，張士成錢四十文，李□正錢四十文，□□□錢三十文，庠生□□□錢三十文，庠生石□□錢三十文，□□才錢三十文，侯□□錢三十文，鐵筆劉公旺錢三十文，侯玉景錢三十文，侯玉顯錢三十文，李君□錢三十文，侯玉武錢三十文，周的法錢二十四文，侯玉□錢二十四文，陳□□錢二十文，逯迁祐錢二十四文，侯海珠錢二十文，逯倍錢二十文，侯保壽錢二十四文，張朝梁錢二十文。

皇清乾隆二年歲次丁巳□日立。

357. 重修龍王廟碑記

立石年代：清乾隆三年（1738 年）

原石尺寸：高 79 厘米，寬 58 厘米

石存地點：呂梁市石樓縣裴溝鄉後土門村龍王廟

〔碑額〕：碑記　　日　月

□修龍王廟□記

　　窃以雲行雨施，萬物咸被其沾□，風鼓……祀典也，寧顧問哉！縣西□門村舊有龍王廟一所，春祈秋□，其□久矣。特□錯□，塵□□嫵，於不□剥□。無惑乎□之庇佑也。本村糾首王玉賢，目□心傷，以念衆，衆皆慷慨而後，各捐己資，□地於□之西□建石□□眼，金□□焕□整□。夫是舉也，功□□補，而有□崇之義焉。有神人□□之□□輝煌之□□焉，亦□始非起□□□之盛□也，而□□□□。自□惠風而□□稼，施布甘雨而□潤焦枯，豐□之□，□□□□寧。

　　（布施人姓名因漫漶不清，略而不録）

　　時□隆三年孟秋七月□□。

358. 下三教村重修龍王廟布施碑

立石年代：清乾隆三年（1738 年）

原石尺寸：高 100 厘米，寬 51 厘米

石存地點：臨汾市霍州市三教鄉下三教村

〔碑額〕：碑記

霍郡東鄉離城三十五里鳴爲下三教村，古有唐後龍□□一座，其来□矣。風雨□壞，因此合社村人目睹心傷，□□□□，□合□□餘□□出布施銀七錢一分，共成大事。金妝聖像，□□□□，□成立□窑三眼。於雍□十一年四月初一日起工，乾隆三年九月初一□工成。修完□□畢，將會内出布施人位刻名于石。永垂不朽。

（總管、分首等芳名漫漶，略而不録）

時乾隆三年九月初六日吉旦。

夏縣

重修大禹廟碑記

嘗讀禹貢一書而淇刂道列之勞真溥之績不禁為之嘆與曰大矣哉神禹治水之功也蓋當唐虞之世洪水橫流下民昏墊鑿龍門導積石或為之疏九河瀹濟漯或為之決汝漢排淮泗其從事於水者不可勝記歷八年之勞心始得萬水朝宗於海而民始得平土不惟免於血浴……

……神禹之功德也歟……此後之君子……

乾隆三年歲次戊午孟冬吉旦

住持道人毛後康㪣

359. 重修大禹廟碑記

立石年代：清乾隆三年（1738年）
原石尺寸：高160厘米，寬63厘米
石存地點：運城市夏縣尉郭鄉西董村禹王廟

〔碑額〕：重修
重修大禹廟碑記

嘗讀《禹貢》一書，而見隨刊之勞，奠浚之績，不禁爲之嘆興曰：大矣哉，神禹治水之功也。蓋當唐虞之世，洪水橫流，下民昏□，雖聖如堯舜，亦束手無策。禹處五臣之內，出而受命虞庭，歷遍九州，相其高下，或爲之鑿龍門、導積石，或爲之疏九河、淪濟漯，或爲之決汝漢、排淮泗。其從事於水者不可勝記，歷八年之勞心始得萬水朝宗於海，而民始得平土而居之矣。是以後之人嘆明德爲甚遠而頌神禹之功於不衰，本記所載萬世永賴之言非虛譽也。真所謂創生民未有之奇功，不惟免一時之昏墊，而且統數百代之後之昏墊而俱免之矣。將見今日之居平土而絕無滔天之災懷襄之害者，無非神禹之功德也。故凡有血氣者無不建祠崇祀，而況予鄉之附近都城而居桑梓之地者乎。予鄉之中有廟存焉，雖不知創建之年，亦屢有重修之記。自康熙庚辰重修至今，殿宇損壞不堪，墻垣傾頹，鄉之父老無不目睹心傷。時有住持道人毛復康并經理、神首常愛、董漢惠等煮茶會衆，而議修葺之事，僉曰：重修殿像，此亦報功德之大典也，無不樂從。由是住持職其總，神首理其詳，仝募緣合鄉。將見富者輸財，强者輸力，共成聖事。先築周圍墻垣，次修正殿献庭、左右二祠。又有龍王、城隍二祠，兩廊十間，大門、角門三座，正侍神像，俱金妝五彩，無不焕然一新，巍巍可觀也。是役也，起工於乾隆丁巳之仲春，落成於戊午之孟秋。告竣之日，属予爲記。予久弃筆硯，何能爲文？衆曰：非也，豈不知莫爲之前，雖美弗彰，莫爲之後，雖盛弗傳。亦就其動工之始，落成之後，記之於石，知今日之所作者，不過效前人之所爲，使後斯者復效於今人也。予始不避其譏，出俚言以誌之尔。

後學弟子儒童俊卿梁煐薰沐謹撰，後學弟子儒童明軒李緒章薰沐謹書。

經理神首：孫文玹、常愛、李五章、梁煐、陳巍、李秀、梁我訓、李緒章、孫光前、孫希章、董漢惠。

住持道人：毛復康，徒鄭本善、續本性、續本耀，孫續合享、續合祥、道會司，曾孫續教貴、吳教玉、史教林，玄孫閏永璽、閏永珍。

鐵筆裴成祥鐫。

乾隆三年歲次戊午孟冬吉旦。

360. 歷年渠長碑記

立石年代：清乾隆三年（1738年）

原石尺寸：高169厘米，寬64厘米

石存地點：臨汾市洪洞縣廣勝寺鎮廣勝寺

歷年渠長：

康熙十五年寶賢坊渠長張經世，周圍築墻高一丈五尺。順治十二年寶賢坊渠長孔鑄。順治七年桂林坊渠長續□肅。康熙八年信義坊渠長衛登龍。康熙七年寶賢坊渠長張君標。康熙十年桂林坊渠長衛起鵬，□□□□。萬曆四十一年寶賢坊渠長崔光前。萬曆四十三年信義坊渠長張直。康熙二十七年寶賢坊渠長李魁。康熙十一年信義坊渠長李維德。康熙元年桂林坊渠長衛士美。康熙三年寶賢坊渠長張生翠。順治八年信義坊渠長石興林。康熙十八年寶賢坊渠長張生翠。順治十七年信義坊渠長張淑政。康熙十八年桂林坊渠長霍□光。康熙二十一年寶賢坊渠長張淑奇。康熙伍拾年信義坊渠長□毓光。

康熙七年桂林坊渠長王應昇。康熙二十九年信義坊渠長張俊。康熙四十九年桂林坊渠長李茂。順治十八年寶賢坊渠長續常新，修牌坊壹座。康熙十四年信義坊渠長石彥吉。康熙六年寶賢坊渠長楊嶙。康熙二十六年信義坊渠長張大中。康熙十二年寶賢坊渠長崔邦佐，修牌坊壹座。康熙四十九年寶賢坊渠長李建廷、段□才、程思伏。順治九年寶賢坊渠長張傑，油漆角燈。康熙三十八年信義坊渠長湯惟清。順治元年寶賢坊渠長楊□□。康熙二十五年桂林坊渠長王敬祖。康熙伍拾叁年信義坊渠長趙永標。順治四年桂林坊渠長高應瑞。康熙二十四年寶賢坊渠長張時興。順治三年寶賢坊渠長崔邦俠。康熙二十年信義坊渠長郭銀秀。康熙三十七年桂林坊渠長王國松。康熙四十六年桂林坊渠長王爾□。順治伍年信義坊渠長宋崇德。康熙二十一年寶賢坊復舉渠長張經世。康熙二十三年信義坊渠長李穀械。順治十四年信義坊渠長張應泰。康熙三十年寶賢坊渠長崔生光。乾隆二年寶賢坊渠長□□□。順治十五年寶賢坊渠長楊一敬。康熙十六年桂林坊渠長衛紀勳。康熙三十四年桂林坊渠長衛皇猷。順治十六年桂林坊渠長王祺慶。康熙十七年信義坊渠長王周映。康熙十二年寶賢坊渠長郝相鼎。康熙二十八年桂林坊渠長衛士香。康熙三十六年寶賢坊渠長張□□。順治十一年信義坊渠長橋□祥，栽柏樹四株。康熙二十五年信義坊渠長郭鍾。康熙十四年信義坊□長衛景文，重修海山廚房三間并苑欄墻。康熙十三年桂林坊渠長高凌霄。乾隆三年桂林坊渠長衛時通。康熙四拾壹年信義坊渠長何達。康熙二十二年桂林坊渠長李如杞。

361. 南園村鳳凰山鑿池碑記

立石年代：清乾隆四年（1739 年）

原石尺寸：高 165 厘米，寬 67 厘米

石存地點：長治市壺關縣龍泉鎮南園村

南園村鳳凰山鑿池碑記

耕田而食，□井而飲，民風之醇也。吾儕無可井之所□□□代之平川之可池之地，故於山謀之。是山也，遍而省之，類多積石，行行至此，第見盡爲甘土，力鑿既易，原有池形，成功無難及焉。鑿之是爲下，雖在丘陵，實不啻川澤□□□□。自雍正元年創始，乾隆四年時成。数年以来，□歲浚淘，且錢粮工費盡係我南園村，地畝人口六畜□□均輸，而他無□焉。迨池工□□，董事者又向予而請其序。維時予曾辭謝不敏，無奈衆命難違，不得已而應曰：是山也，舊稱鳳凰山，今鑿池於此，即宜以山爲名，謂之靈鳳池不亦可乎？矧池本禁地，又有松林，池爲鳳池，松即爲鳳羽互稱。《詩》云"池上有鳳毛"也，而取名不更當乎？盖池固吾人以生活之計，其有益於文脉者非淺，倘後人興爲□□能嗣其業，靈鳳池庶乎其不朽也。

大清乾隆歲己未年應鐘穀旦。

清（一）

813

362. 白龍廟新建側室記

立石年代：清乾隆四年（1739年）

原石尺寸：高155厘米，寬55厘米

石存地點：陽泉市盂縣萇池鎮東萇池村白龍廟

〔碑額〕：側室碑記

白龍廟新建側室記

凡事屬義舉者，則雖以一人之倡，而不啻有百人之和，謂其事之合義也。萇池村東北隅號曰雷神堖，舊有白龍古廟，固一鄉祈穀禱雨處也。神之爲功也，興雲致雨，恩德廣播，其潤澤乎宇宙也爲甚深，其福庇乎蒼生也爲獨厚。故創建已非一日，而修補亦不一次。因思廟之創建也，以神之靈而廟之；修補也，亦以神之靈也。況迩年亢旱，神之隨禱輒應，而爲有感即靈者乎？且□宇狹隘，而祭享祈禱之際，每有風雨之擾。鄉人目睹心傷，不勝感慨繫之，咸謂人心有憾者，神必有所不樂，所以議增側室三楹，以爲祭禱托足之所。聞之者莫不心焉樂之，曰：此盛事也！於是糾衆募化，輸財者爭先，效力者恐後，而建造功興，遂有不日成之之勢。謂是人力之所至乎，實神德之所感者然也。功成告竣，囑余爲序。余因不辭固陋，遂樂得而誌之也云爾。

盂邑庠生張白鹿熏沐撰并書，癸卯科舉人候選知縣張超鹿熏沐謹篆額。

（以下碑文漫漶不清，略而不録）

大清乾隆肆年歲次□□□□穀旦。

清（一）

815

363. 重修村東青龍溝水口碑記

立石年代：清乾隆五年（1740年）
原石尺寸：高106厘米，寬45厘米
石存地點：運城市夏縣水頭鎮小晁村司馬光墓祠文管所

〔碑額〕：重修水口碑

重修村東青龍溝水口碑記

雍正八年五月二十八日，文正公二十一世孫諱灝文，字燕克，居浙之山陰；登進士，拔翰林院庶吉士，任太谷縣，升任沁州；來夏祭祖，捐銀叁拾兩，共費銀叁拾伍兩零……乾隆五年，復被大水沖損。費銀壹拾伍兩柒錢，重加修築，仍如其舊。

前後經理首人：程有信、程可林、衛秉正、范自□、程萬□、衛□、柴起瑞、衛秉義、衛景禹、喬建廷、衛秉□、程從禹、盧德發、程有榮、司馬訓。

（以下碑文漫漶不清，略而不錄）

乾隆五年三月十八日立。

364. 烏龍洞山新建玉清虛宮記

立石年代：清乾隆五年（1740 年）

原石尺寸：高 152 厘米，寬 70 厘米

石存地點：朔州市平魯區阻虎鄉烏龍洞祠

烏龍洞山新建玉清虛宮記

昊天上帝，高拱玉清，□年玄化，轉陰陽之軀，走四時之□，鬼神役靈，萬物出入其府，神尊矣至矣。附建於烏龍祠，毋亦□□有未合。然廟之建增修也，非創制也。且此山地僻人稀，不近郡邑，不通行旅，□□於邊。後則沙漠漫漫，前則重山疊嶂，數里而外，亦雞犬寥寥。因山下有岩，岩之水從上而滴，遇有亢旱，鄉民於是祈雨焉。且相傳其有烏龍現形，因建烏龍祠三楹，由來久矣。夫神以庇民，廟以安神，廟貌雖存，香火無人，其不爲風雨剝落，霾□所妒者幾何？於雍正三年，有羽士張乙清者，淨足於此，蚤晚焚修，香火不絕，神妥而人於是益得神之庇矣。甲寅歲之夏，平邑大旱，邑侯張公率萬民禱雨，於是立降甘霖，遂發願增修，廓其廟宇。至於朔、馬、偏、老所屬，以及口外等地，無不於是禱雨，烏龍神之爲靈昭昭矣。所以後先續修，若聖母，尊所生也；曰孔雀，戒皈依也；曰觀音，普弘慈也。左曰白雨，右曰好蚏，贊神功也。□上有塔，□水德也。側西齋室，襄善事也。祠前戲樓，報神麻也。班班俱備矣。然要其主宰者應歸上帝，而其祠猶缺焉。茲於昨歲四、五、六三月不雨，禾黍幾焦，農民洶洶。住持爲之乞禱曰：倘早降甘霖，發心增建玉清虛宮。後果油然沛然，信乎有龍神不可無上帝矣。因請檀越張鼐、劉荔等各出募緣疏□，或出囊中金助之，遂興工督匠，增建玉清虛宮於峰頂。霄觀雲寺，繪像圖形，不減鬱羅□□之盛。嗚呼！天下豈少禪林寺院哉！□□大都□會，□有建制，□下邑□井，所在多有。或則頹殘其廟矣，或則泥土其像矣，人之瀆神已甚，神之庇人安冀，有如此之有求必應，有惑遂通，其爲社稷生民福者良厚。吾知自是而後，上帝因龍神□□□，龍神□□□而益靈，□□□山岩谷之間，其爲下民蒙庥者，不較甚於都邑郡會，豈曰制有未合歟！

時寧武府學庠生李沆撰書。

乃河堡城守紀錄一次石成元施銀叁錢，平魯路阻虎堡城守加一級……敕授文林郎知平魯縣事加一級陳列施銀壹兩，平魯縣儒學訓導張連施銀叁錢，捕□加一級屬□□楊屏宸施銀貳錢，候銓□□□蓉施銀叁錢，平魯路千總加一級紀錄一次韓文彬施銀□錢，分鎮山西平魯路等處地方參府紀錄二次谷天□施銀一兩，平魯路首府加一級軍功紀錄二次，又功加一等王之惠施銀六錢，平魯路大水□堡城守田生發施銀貳錢，大水□堡軍民人等施銀八錢，分守山西老營營等處地方參府副叅領標騎都尉加四級歪虎，癸巳科中式舉人今授老營營中軍守備加一級高煌□□施銀貳兩，贊禮生馬存仁施銀叁錢。

任有榮施銀壹錢，顯州蒲縣儒學訓導弓士英、□□主簿樊篤生、候銓訓導孟景晟、候銓訓導孟景明各施銀壹錢伍分，候銓州佐樊蕙生施銀柒分，庠生方自維伍分，高登雲伍分……庠生趙躠施銀叁錢，王庭弼、崔龍、張大禮各施銀貳錢，孟景晰施銀壹錢伍分，鄭鶴、王更衣、白呈祥、程文基各施銀壹錢，王化乾三分，李俊二分，錢大用□□，王滋施銀壹兩肆錢，王富會施銀壹兩貳錢，劉寶、張鼐各施銀壹兩，王時通施銀伍錢，岳進安、黑通、馬貴各施錢四錢。白雨殿一座，山主庠生李逢泰，男庠生沆……等謹修。

趙躞施銀壹兩，王繼昌、安自善、石孝、周旺、王積、王永安、孔玉、劉雄、劉彥、馬忠孝、朱傑，各施銀叁錢。安文光、劉光、岳雲、薛旺、張鼐、劉斌、張志法、梁珍、楊起成、黑明、王清、宋元相、李棟、任天福、王成玉、張自珠、郭萬成、苗棚、成有信、喬國棟、楊淑綱、尹田戰、楊國翰、王貴、王謨會、謝峪、張國棟、邢英、王斌、王佐、王漢、李寶、趙劉光、楊旺雨、李光才、侯振江、陳唐輔、趙珍、尹太通、李碩、尹亨、楊作積、蘇善功、崔玉璉、白貴、杜甯宗、劉彩，各施銀二錢。王禹、王湯、薛安成、李通、劉喜，各施銀壹錢伍分。楊富、小甘溝村衆姓人等施銀兩錢。苗科、李花各施銀壹錢貳分。王舜、王滿庫、李春生、喬逮、李晉、谷成才、白而亮、張林、丁成方、王國護、張順、杜傑、常福、趙自映、王伸、白志祥、王滿敖、郭禮、楊禮、杜森、王國明、王永禄、常成旺、張琪、王朝鳳、郭長、單承基、陸萬車、郭天相、郭雄、田露、劉福柱、黑孝、孫祥、樊文益、樊學重、王永昌、池銀寶、常孝、秦世昌、楊旺務、王繼業、陶進光、張慶、張庭、杜士仁、張德、張永、喬國棟、金光銀、王守福、劉維綱、李有庫、閆存義、姚順、魏慧、吳喜、胡有貞、劉禄、潘泰、閆旺、馬成、尹光禄、李珠聲、李生元、田世彥、宋元甫、薛俊、薛明、薛惠、薛良、薛進、薛大受、薛貞其、賀仲德、王宗堯、冀成材、冀成銀、王魁、高應峰、冀國祥、冀國貴、安自祖、高安傑、李朝鼐、趙登、安守花、李進福、王禄、楊國泗、崔國瑞、尚忠、姚士漢、王有文、王林、石萬奇、尹成占、尹順占、趙斑、趙德蘭、唐華、呂春、胡德智、張天禄、孫麒、孫虎、柴大器、張海、趙通、落遠、柴大用、蔣世太、蘇成、任文炳、殷弘德、穆國士、魏加封、胡月、張剛、張陵、張軒、張柱、吳榮德、張照光、成文峰、韓寬、牛士周、楊光訓、劉惠、郝進朝、任文光、王正德、康仕貴、李朝弼、薑雲、張忠信、王福、王庭甫、劉靖廊、王法、王政、郭彩鳳、趙宗、馬如棠、郭珍、劉思義、高得昇、谷庫、梁維榮、勾禮、沈海、張鳳、張應斗、郭映照、王丕成、王世林、高天寅、岳進雲、薛長花、劉弘業、董金貴、尹柱、白廷廉、張彥宇、王德、賈仕德、郭鼎、田祥、薛喜、張建烈、張文斗、吉有、吉大有、沈運德、郭有會、高應仕、劉璋、程毓通、賈進田、安守業、郭從林、牛表、范成良、蘇善雄、蘇善文、賈弘功、位士孔、劉秉珠、安守宗、安守榮、王世林、寇喜、馬士琦、劉天章、方尚成、張文星、李如蜜、馬如榮、王國民、毛天雲、楊一支、趙澤善、王彥喜、岳綱、尹宗憲、趙金鼎、五大天、于成旺、高斌、尹斗星、馮日昇、謝彩麟、李庭貴、谷秉禮、劉弘喜、牛大富、李開吉、吉安、吉大成、吉大材、張建業、牛祥、白貴、郝進益、劉旺昇、尚發、王太、趙璉、劉有庫、武斌、辛仲魁、劉有糧、童士鼎、李逢運、王惠、趙璞、廖玉昌、劉貴、閆綸、朱大貴、王從林、康志禮、馬總武、薛光材、劉旺庫、王士禎、謝綬、岳昆、姚士祥、李圮、薛進才、柴士充、王貴、解紳、李岐、劉望德、牛元、楊宰、劉文春、潘恒德、陸義、李秀、方上峰、陳永官、柴仕樂、王者文、馬如耀、馬如珠、任現、劉恒、侯國璽、楊邦訓、賈天師、潘正人、李興、李晉魁、郭大成、趙悟、白花、李晉儒、朱侯銀、王朝公、王護國、楊支、王大德、方尚向、馬富、王金、王元、何進福、陶存仁、高日新、潘正身、王福、薛惠、孔會、吳進、李有庫、相如榮、王惠、劉方祖、靳有義、杜光宗、王玉國、高如非、桑林、劉士輔、高盡、楊道華、王尚雲、文進喜、高富、薛大尊、張輔佐、王正枏、蔣世態、蘇成、康仕貴、徐樹棟、曹玉、譚懷腙、翟成、范金、馬士標、康華、王元庫、尹寶占、王寶、賀德、來安業、劉文通、程仕公、張洸、李順、趙重、裴大、閆邵明、張崇、徐樹桐、高日英、劉彥、吳興、楊志、趙德慧、張存信、岳進貴、劉金寅、尹文占、曹國寶、王福兵、武有禄、卜周、趙花、張玉、曹增、趙德純、王憲、劉文輝、魏榮、王進文，以上各施銀壹錢。

泥匠薛文品施銀壹兩。畫匠：任魁、高統。泥匠：陳珍、張永隆、趙德興。石匠：高繪、劉彥。木匠：安官、安雲。

經理人：張英、趙弼。

募化人：國子監監生趙卿、薛進官、趙德信、吳天林、閆銀、沈河、張天會、王誥、張榜其、楊樹材、季培生、土成台、王恭、魏民宗、陶進宦、張宗漢、朱富貴、尹孝孔、王撲、高放龍、高虎、李繡、趙村、高經、劉印、劉弘聲。

大清乾隆五年歲次庚申孟秋月吉旦立。

365. 治水均平序

立石年代：清乾隆五年（1740 年）

原石尺寸：高 112 厘米，寬 56 厘米

石存地點：臨汾市洪洞縣廣勝寺鎮廣勝寺

〔碑額〕：碑誌

治水均平序

北霍渠自柴村而至永豐，陡□有上、中、下三節之分，水田有三萬四千八百之餘，地廣而渠遠，掌渠之人非勤敏公正不能勝任而愉快。今渠長崔翁諱至誠號明意，寶賢一申也。其人天性醇樸，心地靈敏，祀神惟敬，督水惟勤。由春徂秋，依期而搭剗，依期而灌地，上下咸周，人皆稱功而頌德焉。兼有渠司、水巡之協心，三坊各頭之效力，得以勝任而愉快也。茲田功告成，渠事將畢，念其自上至下，使水均平。是以鐫石而誌，爲後人之觀瞻。

庠眷王作哲頓首拜撰。

（以下功德主姓名略而不錄）同爲。

北霍渠渠長崔至誠字明意，渠司席重先字聖倉，水巡績忠字丹生，三坊溝頭李養瑞、賈景榮、崔明德、柴村溝頭高丕臣、刘金章、賈際奉、高必珍。

住持同珠。

乾隆伍年玖月吉旦立石。

366. 重修龍天神祠碑記

立石年代：清乾隆五年（1740 年）
原石尺寸：高 140 厘米，寬 63 厘米
石存地點：太原市尖草坪區馬頭水鄉南石槽村龍天土地祠

重修龍天神祠碑記

　　蓋聞天地之道，福□而禍淫，鬼神之靈，誠求而立應，此固□之□□而不可易。乃如我會城西北隅□槽村舊制有龍天土地祠宇壹座，春祈秋報，有感即通，村人瞻拜者無不凛如之誠。但殿宇□□壹間，規模未免狹隘，鄉人時爲浩嘆。今歲春，經理人等慨然動展拓之念，□□村人□議，無不樂爲捐助，共成聖事。於三月十三日擇吉興工，至十月内完成已告竣。約共費銀六十兩有餘。巍巍乎廟貌維新，丹楹煥彩□。但鬼神之靈□有所□，而天地之報應亦將賴以衆者云。是爲記。

　　陽曲縣儒學生員于溼撰述，本縣北廊外馬王廟住持□宋寬書丹。

　　（以下碑文漫漶不清，略而不録）

　　時大清乾隆歲次庚申孟冬吉旦。

清（一）

367. 馬踏村建井碑記

立石年代：清乾隆五年（1740年）
原石尺寸：高40厘米，寬74厘米
石存地點：長治市平順縣石城鎮上馬村

馬踏庄係唐時□□□駐蹕於此，因□□焉。春秋分□晋地之境，東屬趙地之界。時在皇清康熙五十三年，夏景亢陽不雨，井□生烟，樹梢頭起火，蚕麥併無，每日漳边汲水，本庄老幼苦毒难忍。偶而□邑井泉庄金華神馬姓韓至此，本庄父老相□求問井泉之事，言曰此地有水，遂庶民攻之，不日成之。合庄男婦忻然大悦，至五十四年，砌井畢工，取名金華井。貽此來由，萬載相傳，記文耳。

西馬踏庄岳、王二姓所造。

立施捨井地，文約人王仕公、岳廷公二人同立文約：

因爲合庄缺水不便，請至□□涉縣井泉庄金華神馬□到井。東岸二人名下，井坐仕公，井外地屬廷公。二人情願施捨於井。行路在官□，廷公地東至柿樹，西至路，北至井，南至官路。永遠不許□言。一切使費、石匠工價，二人一併無干。恐後無憑，故立文約碑誌存證焉。

糾首：王仕陞、岳廷公、岳廷璧、王仕公、岳廷□。

合庄花名：王春林、王仕卿、岳玉堂、岳廷璉、岳玉□、岳廷翰、岳玉樓、王仕弘、王春泮、王治永、岳玉閣、岳廷益、岳玉□、王仕朋、王升遷、岳廷□、□□□、岳□□、岳廷相、王春台、岳玉□。

皇清乾隆五年歲次庚申陽月吉日立碑誌。

368. 重修碑記

立石年代：清乾隆五年（1740 年）
原石尺寸：高 156 厘米，寬 56 厘米
石存地點：晋中市和順縣李陽鎮榆圪塔村

〔碑額〕：重修碑記

和邑之乾向村名榆圪塔，山上有猪佛龍王古廟一所。其脉自余樂邑粘嶺拖來。履其下，清流潺潺；登其嶺，層巒聳翠。庸建……靈在山水間乎？抑人之誠在山水間乎？且山之左右前後数里之内，松生更密。夫松……蕭其容而正其心乎？而特是青松參差，其色已秀蒼矣。當雨潤風清之際，其氣不更幽雅……"勝地神栖"，大抵然耳。況神職司雨露，萬物賴以長養，人民賴以生息，固當在祀典之内，而不同□淫祀也。余樂邑屢祈雨澤，無不應驗。遠者如此，近可知矣。顧神所以庇民，□所以栖神……規毁壞，風雨所患，□瓦頹垣。覽其上者，能無梁空燕雀，古壁丹青之思乎！爰有和……共輸財力，募化四方。重修正楹三間，戲楼一座，鍾楼一座，神像新妝，廟貌輝煌□□□□神其□□□謂人悦之，非即神悦之也哉？嗣是以後，祀之者往來益衆，香火萬年，將雨暘若而五穀豐登也……爰爲俚言以垂不朽。謂之爲文，夫豈敢齒？

沾縣貢生李魚躍薰沐頓首撰，和順縣永興寺住持僧真琪書。

（布施人姓名漫漶不清，略而不録）

大清乾隆歲次庚申金風□上浣之吉。

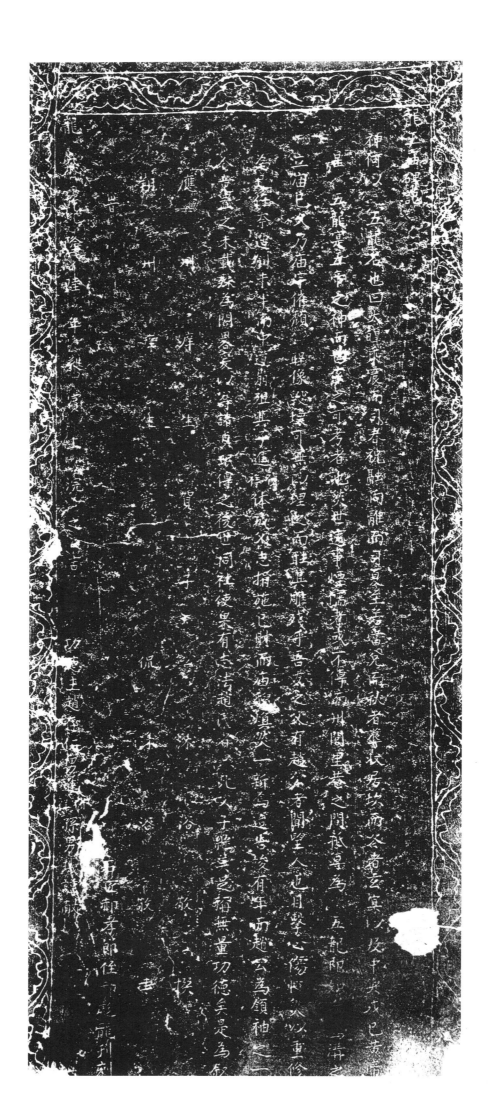

369. 龍王廟碑記

立石年代：清乾隆六年（1741 年）

原石尺寸：高 160 厘米，寬 57 厘米

石存地點：朔州市平魯區阻虎鄉白蘭溝村龍王廟遺址

龍王廟碑記

神何以五龍名也？曰：太皞乘震而司春，祝融向離而司夏。至若當兌而秋者蓐收，居坎而冬者玄冥，以及中央戊己黃帝，是五龍，實五帝之神而□案之可考者也。然世遠事湮，儒者或不傳，而州間里巷之間，祇尊爲五龍。即如□□溝之立廟已久，乃廟宇催頹，聖像毀壞，可無以理之，而任其雕殘乎？吾友之父，有趙公者，聞望人也，目擊心傷，慨然以重修爲己任。奈造創未半，而中道崩殂。其子進禎、進祥体成父志，捐施己財，而廟貌焕然一新焉。迨告竣有年，而趙公爲領袖之一，人竟置之未載，殊爲闕略。爰以籌諸貞珉，傳之後世。同社使果有志法趙氏者，只此父子繼美，邑稱無量功德矣！是爲叙。

應州庠生賀子公沐浴敬撰，朔州庠生蔚侃沐浴敬書。

石匠郝孝節，侄郝彪龍刊刻。

功德主趙存仁，男進禎、進祥，孫男璣謹献。

時龍飛乾隆陸年歲賓上浣之吉。

清（一）

831

370. 豐則駝村重修龍王廟記

立石年代：清乾隆六年（1741 年）
原石尺寸：高 100 厘米，寬 46 厘米
石存地點：長治市黎城縣龍王廟

〔碑額〕：永遠碑記

大清國山西潞安府黎城縣漳源鄉堡北里豐則駝村居住行維社首常德愷、王德周暨領合村人創立重修。布政使司謹尊以明刻立□文，碣於□廟龍王尊神聖殿。師人爲照，向朝來龍秘訣，師敕福祈，大發村主、善男信女功德士，奉老佛殿爲主。龍王神聖，正坐□廷，戲樓世盖一切官工，理移碑文。辛酉歲重修。

雍正拾叁年□月拾伍日重修戲樓。維社首□愷、王見周，糾領合村人等。

乾隆貳年叁月拾叁日牛王廟興工。維社首常達、劉才。

乾隆陸年叁月拾叁日，合庄人善男信士：王從周、刘榜、刘重奇、刘金桂、王見周、王保、王達、王府周、王□、刘標、刘金、常适、王漢周、王作周、王進枝、王金□、常廷仁、常廷知、常廷信、常廷錫、常廷礼、王良富、王良漢、王良必、王成儀、王成礼、王長枝、王起枝、王金枝、王玉枝、張永、刘德海、刘德江、王進福、王進葉、王進禄、常廷儀、段見施銀七分，合會施銀壹兩。

領重施□：劉門張氏、張門申氏、□□□□、劉門申氏、劉門張氏、王門劉氏，石工郭崇德。

371. 北凰社重修龍聖殿

立石年代：清乾隆七年（1742年）

原石尺寸：高145厘米，寬68厘米

石存地點：長治市壺關縣集店鄉北皇村

北凰社重修龍聖殿

龍聖殿自乾隆二年丁巳造端，至七年壬戌告竣。歷年社首督工五十五，合社捐銀姓名二百三十餘家，同心協力共成□事，而庙宇□□煥乎改觀，乃立社廟落成而致□。夫立社之説，爲之言曰《禮記·祭法》謂大。夫以下成群立社，曰□社。《月令》又云：擇元日，命民社。是知□□而立社，普自於土，□民成群如是。嘗考社祭土神配以□龍，而是社屋以□□龍聖者，前人自宋紹聖三年丙子而創立矣。□後二百一十九載……二年乙卯而重修。再越……至明萬曆四十一年辛丑復重修，迄今大清乾隆七年壬戌又歷一百二十二年，爲三次重修。迄紹聖□□及乾隆壬戌共計六百□□六年，曾不□有一□此社事者，蓋以社之説不惟古道可□，抑且成憲當守。

皇清時憲書頒行天下，春分前後命民春社以祈土利，秋分前後命民秋社以報土功，此即《郊特牲》所謂唯爲社事單出里，唯社□□□□盛祈以□□□□之説。是以一百三十餘家共社成廟，則固發於情之不自己者，而又實爲古之制，實爲今之憲。夫亦率由舊章，遵循王法，敬神報德……成八蜡不通爲民自有謹財之道。然特恐食德於土，而不知報功於土，廢厥社而忘致反，始以厚其本之禮。故將立社本意，勒諸硃珉，以垂永□。

歲貢士閭銑書，介賓馬鳳翔撰。

歷年社首：丁巳，苗瑞、張明有、馬鳳翥、閭彩、關永河、景際太、關登、馬寬。戊午，關永愨、馬弘勳、閭蒙錫、苗亭、閭坦、關興、馬□信、馬朋。己未，苗伸、馬鳳翔、馬鳳胜、關世、閭慶、馬鳳香、閭世德、閭範九。庚申，閭銑、苗翔鳳、閭宣、閭和、閭維、關弘、馬有道、閭造。辛酉，馬偉、關永翬、馬鳳來、崔顯利、張自有、關燦、關直成、閭安仁。壬戌，關純、馬漢官、閭禄、馬鳳習、關畏、閭行仁、馬有驪、苗本善。

督工：閭紳、關永悍、張昌有、關永惠、關式、馬漢賢、苗太鶴。

住持僧：心明，徒源禎，孫廣聚、廣緣、廣寬。玉工：常京、常省。

同立石。

時大清乾隆七年姑洗穀旦。

372. 移建五龍聖母關聖帝君子孫聖母碑記

立石年代：清乾隆七年（1742 年）

原石尺寸：高 150 厘米，寬 65 厘米

石存地點：晋中市壽陽縣温家莊鄉崔家堖村

〔碑額〕：百世流芳

移建五龍聖帝君子孫聖母碑記

粤稽祀典所載：凡興雲致雨，澤潤萬物，敦忠尚義，芳流百世，禦灾捍患，福庇生民者，無不神而祀之，不得與淫祀等。惟村舊有五龍聖母祠，座落東廟嘴，而關聖帝君與子孫聖母則居村之中央。其修建始末，俱有牌版可考。但歷年久遠，風殘雨蝕，不無剥落飄摇之患。闔村公議，移建而廓大之。觀者卜吉於圍埯，遠接方岩之脉，背胯雙鳳之雄，還山遥應，繞水來朝，泂一方之勝境也。温子自文，煮茗會衆，或作功德，或承糾首，或捐資財，罔弗首肯而心折焉。爰是同心協力，新建大殿五楹，中居五龍朝聖，左列帝君行祠，右爲子孫聖母宫。東西廊房六楹，山門鐘鼓樓、戲樓俱建焉。一年之間，泥塗丹腹，焕然一新。成功之易，雖曰人力，豈非神靈之默相也哉？其一時共襄盛事者，宜乎壽之貞珉，用垂不朽云。是爲記。

甲寅拔貢候選正八品弓名彤撰，本邑庠生任懋德書。

總糾首：温福泰，孫永隆施銀八兩七錢。

功德地主：崔添福，妻施氏，子學浩、學海施地基二分八厘，銀八兩三錢六分。

陰陽：聶世宏。

木匠：張□清，男張新業。

鐵筆：温永道、聶森榮刊。

鐵匠：宋成賓、崔學明。

瓦匠：張添明。

畫匠：王繼□、李福興、温永英、□連賢、傅太喜、閆瑞。

捏獸匠：□名俊。

時大清乾隆七年歲次壬戌四月下旬穀旦立。

买池地壹亩叁分

上内村鉴池碑记维首今村等

乾隆七年孟夏吉日立

张荣　　　董进言
董万府　　张　轮
张进宝　　鲍成鲲
张卯太　　鲍成海

373. 鑿池碑記

立石年代：清乾隆七年（1742 年）

原石尺寸：高 83 厘米，寬 40 厘米

石存地點：長治市壺關縣五龍山鄉上內村

买池地壹亩叁分。

上内村鑿池碑記維首合村等：張荣、董万府、張进宝、张卯太、董建言、張論、鮑成鯤、鮑成海。

乾隆七年孟夏吉日立。

〔注〕：此碑爲 1983 年新刻舊碑内容。

清（一）

黄河流域水利碑刻集成·山西卷 三

374. 五龍山觀稼軒記

立石年代：清乾隆七年（1742 年）

原石尺寸：高 57 厘米，寬 88 厘米

石存地點：長治市上黨區五龍山五龍廟

（印一方）

五龍山觀稼軒記

辛酉秋，予奉天子命來守潞安。既受事，則取府之圖籍，稽其山川形勢之勝。蓋郡治環山而處，而郡城之南有五龍山。山高二千五百尺，兀峙孤聳，時能出雲雨，以利民物，故山之巔有五龍神廟。設遇旱潦，凡隸郡籍者，往禱無弗應。以是載在祀典，至今不廢。

今年四月既望，例當舉祀事，予率文武僚属即事於廟。薦祼畢，歷覽於廟之四隅。從事之人告予曰："附廟故有軒，始於元之州牧左君，名以'觀稼'。繼新於明之宋君，更名'時若'，歷今百幾十年，荒廢滅没，未嘗有尋其迹者。"予悵然久之。至其西，有地周五十步，爲堪爲坻，繚以短垣。憑垣而望，遠俯郡郭，近接村居，清闊綿渺，豁我襟抱。禾町麥隴，俱青青在望也。

秋七月，郡属稍不得雨，民以爲憂，予謂神之靈不爽也，諏吉將步禱焉。至期即雨，沃畦蘇枯，三日乃止。予既感神之應念而靈，親拜於廟，以報神庥。而向所憑望之地，已嶄然有屋宇，其址亦倍廣於昔。詢所由來，則鄉之明經張皇寵等，捐金積工，不日而告厥成。其向之青青在望者，今且黄雲萬頃矣。因念神以惠民，故廟於兹，而兹宇又實官斯土者，爲民祈福之所。今張生等不吝心力之勞，以爲官與民相關戚之事，其意固公且大哉！請名於予，予仍署其額曰"觀稼軒"。而誌之曰：

夫是山自慕容時顯著靈异，迄今且三千年。磅礴鬱積，秀岩深壑，遍於陵麓，喬松萬株。名與山永，使攬其勝，以表是軒，將如柳子厚所謂高明游息之道，具於是邑。消亂慮，袪滯志，其裨益於士大夫者良多。然果以是名，則止於聘目娛情，爲騷人隱士所泳游已耳。今兹軒所接西南北之鄉，平鋪錯處，分明歷落；稻粱黍稷，芃或堅好。荷鋤驅犢之衆，婦饁童餉之勤，田家作苦，皆得入於目而繫於心，而後知民之所以樂此有年者，誠不易也。前人之意，其在斯乎！而山之高、松之古，俱不足名矣。書於石，所以重兹軒之作，而使後之謁是廟，坐是軒，徘徊四望，必能慨然念之，永俾勿壞云。

賜進士出身中憲大夫、特簡知山西潞安府事、前元五朝國史纂修、皇清文穎館提調官、總辦翰林院事務、翰林院編修蜀渝李爲棟撰。

（印二方："李爲棟印""郢夫"）

玉工常楷刊。

乾隆七年九月上浣穀旦立。

375. 水利糾紛批文碑

立石年代：清乾隆七年（1742 年）
原石尺寸：高 150 厘米，寬 65 厘米
石存地點：臨汾市襄汾縣汾城鎮文廟碑林

〔碑額〕：水利

特授太平縣正堂軍功議叙分府加二級董爲水利事，看得乾隆三年五月内報西姚渠頭楊宗震等到案，詞稱張榮昌等止修堤堰二三尺許，若遇大水，勢必歸南澗，西姚等三村不能沾澤，且將渠頭寧興枝等□連帖生事等情具訴。

□□□都峪使水十四口，西姚在其中，不□□彭□□以□，在尉壁峪不過接焦彭之餘水。堤堰□説古帖全無，亦無西姚使水七分，并同□使水。公建堤岸□固地名之下即係焦彭築口，其築口係傍石堤。下一箭係焦彭上渠，又下至箭餘係西姚渠口，挨北□三七分……順流之沙石堤也。□□□未修，現有二三尺不等，焦彭渠□□□□再查。雍正二年，前任劉所□帖内有據，焦彭毛輔鵬等稟，情愿自行修理，不愿西姚幫築，又□□□之粮地□。後有硃批五尺高厚，具字勘驗之下，隨押焦彭寧興枝等，將堤加高。九月二十九日，又取土□，築口低下處亦挖土□□□□□。萬曆三十三年及雍正一年硃帖，俱因西姚將渠口溝□□□，西姚自不能默無一言。又押令焦彭將所挖低處填平至堤身。雖不盡高五尺，自西頭二三尺，□□□稱渠口大百。雖有石數塊，出土不過一二寸。在北邊地堰之下，并未堵塞渠口，無碍水道，且歷□□□尉壁峪其上有尉村、盤桃、南焦彭等，渠下至北焦彭、西姚等，渠遠流十幾里，至上博固澗灘之□□□三社。其石堤自要高厚，免致泄水。但焦彭渠口在上，係傍石堤，如石堤□薄，豈肯將水漏出南澗？□□□之楊宗震、張荣昌等均非善頭。余斷令石堤如有坍塌，兩造公同查看，應如者加之，仍着焦彭□□□以憑，差押焦彭興工所需沙石，不許將渠口淘深，仍蹈前轍。西姚等庄不得仍前恃衆强修，□□□告狀廢時失業，有何裨益？究之到官審理，豈能更改舊規，翻案判斷？是以本縣不惜諄切將前後□□□導爾等，永遠遵守，毋得恃强倚刁，終致自誤。此批。

乾隆七年十二月二十九日。

重修昭澤王廟記

昭澤王廟記者邑庠生員士通璠在山府氏撰并書

晉蒲州乾隆十年歲次乙丑重九浣三

376. 重修昭澤王廟記

立石年代：清乾隆十年（1745 年）
原石尺寸：高 120 厘米，寬 52 厘米
石存地點：長治市襄垣縣西營鎮西營村龍王廟

重修昭澤王廟記

西營鎮者，後趙石勒所建也，居邑之北鄙，距城四十里許，背山面河，與武邑接壤。雖非通衢要津，而北達遼晉，南通潞澤，斯亦襄邑一巨鎮也。其乾方属鎮之龍山，山峰秀出，怪石巉岩，漳水縈繞，汹涌澎湃。登高憑眺，俯視一切，于吾鄉稱大觀焉。山之巔，舊有昭澤王庙一所。王之世代經歷及感應靈异，襄武二邑縣志備載，無庸贅述。但世遠年湮，廊舍塌毀，止存神殿五楹，亦傾圮不堪。今年夏，天氣亢旱。鄉民侯顯維等虔告于王，祈施雨澤，願重修庙宇。嗣後，甘霖屢降，枯苗得蘇。爰謀于閣鎮商賈士民人等，各捐己資，鳩工庀材，大爲修葺。其督率工役、供給資用，顯維力任其責焉。兩閱月，厥工告成。適予偕友尋芳，見夫傾者起，垢者新，丹腰黝堊，金碧輝煌，將神以人妥，人因神庇。今而後，年歌大有，歲頌豐寧，端于王是賴焉。常感王之靈應，而更樂首事者之爲善克終也。因不揣固陋，爰珥筆而爲之記。

邑庠生雲峰居士趙璿在旃氏撰并書。

時大清乾隆十年歲次乙丑重九前三日立石。

黄河流域水利碑刻集成·山西卷 三

377. 重修井厦小引

立石年代：清乾隆十年（1745年）
原石尺寸：高26厘米，寬40厘米
石存地點：運城市新絳縣龍興鎮段家莊村

重修井厦小引

井道不可不革，故井之後受以革，革之後受以鼎，以革去故也，鼎取新也。斯井舊有厦屋，聊蔽風雨，年遠且深，土崩瓦解，殘缺日甚，是亦革故鼎新之會與。歲在甲戌，予與段氏清如共議舉事，已而未果，以清如行旅故也。越至乙丑，予復糾集諸公共襄修理，遂鳩工庀材，革其故而鼎以新焉。工成，爰叙其始末以勒諸石，豈曰恃功，聊使後起者知井道不可不革云爾。

梁裕公記。

共事人：梁裕公、段清如、宋之義、朱富、段清、范聖口、朱策。以上各出銀七分。

使用銀物開後：

磚一千零六十個，價銀壹兩五錢九分；瓦二百五十個，價銀二錢五分，以上二項係地方銀一兩八錢四分。土胚一百五十個，人工銀四分。麥秸一百斤，價銀二錢。石灰，價銀二錢四分。土工十五人，工錢銀六錢七分半。泥匠四工，工錢銀二錢九分。拉磚瓦人工錢銀一錢九分。石板二錢。

收朱富城壕地租銀二兩二錢……收前次修井餘銀五錢……

又做口欄木料工錢共使銀九錢六分。

時乾隆十年十月吉日。

378. 霍郡安樂村創建廟宇碑記

立石年代：清乾隆十一年（1746 年）
原石尺寸：高 147 厘米，寬 65 厘米
石存地點：臨汾市霍州市三教鄉安樂村

〔碑額〕：□古誌□

霍郡安樂村創建廟宇碑記

粵稽人物安康視乎風氣，而風氣鍾靈視乎創修，則創修之事非過也宜也。本村東廟、南廟并村內外有應修之處，乃工程頗繁而物力不贍。因是雍正拾貳年伍月初八日，香首郭文周等會同商議，聯成百人瑤會，拔取布施以為修理之費。會完之日，遂卜日興工。於東廟重修玉皇殿壹座，畫彩諸神廟宇以使維新。廟底創建過路磚窰壹孔，窰上廟宇壹楹，塑立真武祖師、河伯將軍神位。創建窰院壹座，以為住持栖身之所。于村外河東創建廟宇貳楹，塑立將軍、土地神位。于村中創建古樓壹座，樓上廟宇壹楹，塑立菩薩、關聖帝君神位。于南廟創建過路磚窰壹孔，窰上樓閣壹座，塑立魁星神位。磚包西堎以使堅固。修理既繁，工自悠遠。肇始於辛酉年，聿成於丙寅年。由是廟宇輝煌，村有偉觀，實賴神靈默佑之功，亦由人心協合之力也。當事竣告虔之日，香總管、糾首、納會布施人位胥勒石，以誌不朽。

生員薛長清、生員郭岑撰書。

（以下功德主姓氏人名略而不錄）

刻字匠楊增光刊。

時大清乾隆拾壹年八月初六日立吉旦。

379. 中落井碑

立石年代：清乾隆十一年（1746 年）
原石尺寸：高 50 厘米，寬 67 厘米
石存地點：運城市聞喜縣桐城鎮嶺東村

中落井

龍神旱歲祈雨，渺弗立應，四方被麻者時以資輸積金，坿一流而而不盈數之。二庄人議易五龕而甕之，且新龕前之口。計人若梓若圬，計物若甑若薁若瓴，若磚若石，及石之堊，總會需若干緡，而輸資已竭，夫之役，匠之食，蔑出也。於是取足於麗茲落，而井食之家不食井者弗與也。謹識其緝理、月日，并供役食匠之名氏於左方。

計開施銀物工飯作價名氏：

孫從游、孫坤俱二錢一分。耆賓孫特昇一錢五分，喬漸隆一錢一分五毛。孫子昇、孫子暹、貢士孫開經、孫美奇、孫珍奇、孫繼賢，俱一錢。孫瑣、孫玕俱七分。孫日聞、孫日中、孫日發、孫璁、孫又奇、孫蠻、孫開登、孫心珊、廩生孫又綽、孫繼統、孫心玫、孫心城、孫心瑋、孫開福、孫開紋、孫儀鳳、孫曰元、孫巨源、孫開翔、孫友尚、孫焜元、孫唐元、孫學惠、孫舉上、孫煌元、孫擢上、孫學聖、孫仙英、吳玉、杜賢、楊文泰、劉世綿、李旭、程鍾岳、程鍾崟，以上俱五分。吳君實施龕門一合。楊奎先、孫澤深俱五分。孫炕元、楊建基、孫學清，各施石一塊。

後檐滴於上北巷碾院，許滴不得屬官。

首事：孫從游、孫開紅、孫開英、孫學惠、孫璁、孫心瑋、孫澤深、孫仙英。

里人孫開經君理甫誌。

時乾隆十一年歲次丙寅菊月之下澣。

水陸會置地碑文記

廣勝下寺合會出資置買地畝永供水陸序

竊以水陸者上自天神地祇下及五嶽四瀆賓陽諸靈人陰受其福而莫知有本寺當家慶

密于雍正十年同諸檀越及本寺僧眾恭迁呆堂和尚閉關閱藏目覩常住鈌少水陸

聖像因謀諸眾遂請墨刻水陸四十三軸計費百有餘金又思每年供神臨時收攬詢為

不常于乾隆七年正月間住持同定後和尚之議募諸檀越僧眾共人一百三十餘位每

位各出資銀壹兩貳錢共計銀壹伯陸拾兩置買水地拾畝每年所得祖將以俻祀典每人

永不再出資銀俾世世子孫相續不絕庶人常隨而資不竭神永享而人獲福無既是為序

大清乾隆十二年菊月　吉旦立　立石

380. 廣勝下寺閣會出資置買地畝永供水陸序

立石年代：清乾隆十一年（1746 年）

原石尺寸：高 149 厘米，寬 71 厘米

石存地點：臨汾市洪洞縣廣勝寺鎮廣勝寺

〔碑額〕：水陸會置地碑文記

廣勝下寺合會出資置買地畝永供水陸序

　　竊以水陸者，上自天神地祇，下及五嶽四瀆，冥陽諸靈，人陰受其福而莫知。有本寺當家慶密，于雍正十年，同諸檀越及本寺僧眾，恭迓杲堂和尚閉關閱藏，目睹常住缺少水陸聖像，因謀諸眾，遂請墨刻水陸四十三軸，計費百有餘金。又思每年供神，臨時收攢，詢爲不常。于乾隆七年正月間，住持同定從和尚之議，募諸檀越僧眾，共人一百三十餘位。每位各出資銀壹兩貳錢，共計銀壹佰陸拾兩，置買水地拾畝，每年所得祖籽以備祀典。眾人永不再出資銀，俾世世子孫相續不絕。庶供常備而資不竭，神永享而人獲福無既。是爲序。

　　一段死業地，係柴村西羅院裡。水地六畝四分八厘。東西畛。東至埃，南至刘大武，西至張梅，北至埃。四至開明。價銀八十七兩五錢。

　　一段死業地，係雙頭村東溝裡。稻地一畝八分二厘。南北畛。東至高位功，南、西俱至官渠，北至小道。四至開明。價銀一十四兩六錢。

　　一段死業地，係道覺村村西南大段。水地一畝。東西畛。東至渠，南、西俱至趙琮，北至衛成武。四至開明。價銀一十二兩。

　　一段死業地，係道覺村北挾河灘。水地一畝二分。東西畛。東至道，南至崖，西、北俱至渠。四至開明。價銀一十二兩。

　　曹洞正宗德門授法三十二世弟子心紀敬撰。

　　隨會供主開列於後（以下一百三十二人、寺僧七人芳名略而不錄）

　　庫司玄棟、監司玄中、監院同定立石。

　　玉工巨忠、巨孝。

　　時大清乾隆十一年菊月吉旦立。

381. 施捨天水溝碑記

立石年代：清乾隆十一年（1746 年）

原石尺寸：高 45 厘米，寬 70 厘米

石存地點：臨汾市霍州市師莊鄉周村子孫廟

施捨天水溝碑記

夫福由自作，因作而修。修者可修，行檀波羅。雖行波羅，因人而導。万興庄有廟，名曰龍天，乃村人糾首不辭劳苦而建也。廟□輝煌焕一新，斯功圓就。善人君子朝夕痛思，廟宇既成，缺者祠祀仍少养贍。于是好善樂施香首何公思鑒頭、邢德、陳興林□聲發虔心，恭募本村好善上人和丌始末，眾皆歡樂。言曰：善哉！善哉！喜捨不悋。如唾七户姓異，施天水溝一道，恁意修築成地，□□升合過差，作爲養贍。人有誠心，龍天歡喜，風雨順時，人民豐壤。斯功德圓滿，惟恐年遠時遷，日月如流，人更物易，必生流離，故刊斯石以垂永遠。是以爲序。

且將使施天水溝姓名開列于後：

立捨状人六户，□姓人□施捨到龍天廟前天水溝一道，六户同合社捨兩边溝下有□者，施捨廟内修築成地，作爲養贍，并無糧差，立捨状为照。

立状人蒲应興，今捨到龍天廟溝東边累地一塊，捨到庙内修築成地作爲養贍。一捨以定，故立捨存照用。

天水溝兩边施地人位開列于左（以下碑文爲施地人名及施地四至，略而不録）

乾隆十一年小陽春中旬吉旦。

清（一）

382. 五莊重修馬王龍王牛王廟叙

立石年代：清乾隆十二年（1747 年）
原石尺寸：高 69 厘米，寬 73 厘米
石存地點：運城市絳縣南樊鎮南柳村

五莊重修馬王龍王牛王廟叙

坡之爲制，創立營謀之計周，斯締造修理之舉易，此廟貌之所以萬古常新者也。今歲孟春，明烟之餘，遍視群廟，而三王殿宇疏落，幾畏燥濕傾圮，恐損墻垣，僉曰："可以修矣。"敝莊忝居首事，恪遵公議。於是，同心勠力，勸聖事於子來，庀材鳩工，成神功於不日。疏落者密布矣，仰觀增奂輪之輝；傾圮者固砌矣，左控篤金石之勒。而修理之經費，要皆隨駕官銀之所營運者也。吾因是有感矣。夫以先人之所貽運，而以人事神之禮備焉，效鄰講禮之情篤焉。且也行之一時，而肇修焕其制；推之萬世，而至誠神其感焉。《書》曰："邇可遠，在兹。"《詩》云："上帝臨汝，無貳爾心。"其是之謂與？今日之舉，特叙所以報我三王者云爾。

廩膳生員趙修身建極撰，邑庠生員趙帝相廷弼閱，邑庠生員楊清源晴川書。

鄭柴鎮：張冲有、吕耿、張輝祖、李生甫、張鎰、韓王甫、常養義、王明翠、楊定國、李浚、韓聖宣、張伸、張師裔、李之實、常端舉、常維滋、王复燕、陳鄉科。

北柳鎮：王極、王建、王璟、王兆興、王鳌、王廷奇、王永年、王兆太、王積、王朋、王善、王永寧、王美、王之俊。

范柴村：楊珙、趙克讓、張紹、楊永玉、張繼昌、張存讓、趙讓、楊吞電、張應仕、王廷論、張五經、楊克强、楊應魁、趙廷瑞、趙秉正、楊上遜、楊瑞卿、王廷瑞、姚進官、楊士元、張景行、趙子讓、張放貴、楊兆祥、楊允發、張嫻。

吉峪鎮，神二社頭：李榮華、李有章、李士古、李有忠、李中清、李士和、李興年、李衷江、李付漢、李友諒、李思孟、李望堯、李興壽、李統一、李世傑、李宗美。

南柳鎮：王佐、王錫命、許著、許口、王丕陽、陳瓚、王武、許鎔、陳略、馮廷禎、陳涵、許台揆、陳國治、王希道、許永立、陳藝、許向奎、陳光裕、馮謙、陳榆、許永茂。

玉工趙廷璽刊。
大清乾隆十二年三月吉旦。

383. 姜莊村民捐龍王廟碑記

立石年代：清乾隆十二年（1747年）

原石尺寸：高85厘米，寬51厘米

石存地點：忻州市寧武縣鳳凰鎮姜莊村龍王廟

〔碑額〕：萬代流芳

謹具碑云：此因土居人胞兄姜庫、禮生姜倉，胞弟姜滿，同侄子姜名儒、六拉住，情願將地壹拾肆垧施捨本村龍王廟住持，永作香火養廉之需，同本村牛犋人等，永遠入廟。恐後户族人等爭端，先有朱標舍約序，立碑記爲之執照。懇乞仁明錢老爺俯施洪德，賜下遵行。

記開地名：大窑地壹塊，捌垧；牛槽窑地壹塊，肆垧；馬蓬溝陽坡地壹塊，貳垧。共地壹拾肆垧。随代□四斗貳升，住持遍年赴倉交納。

乾隆拾貳年捌月吉日自立。

384. 安陽開通碑

立石年代：清乾隆十三年（1748 年）
原石尺寸：高 106 厘米，寬 50 厘米
石存地點：大同市廣靈縣一斗泉鄉黑魚洞村清圓洞

〔碑額〕：安陽開通

　　粵自禹王平水，利我蒼生。雖曰水由地中行，而實未嘗無河海洪□□阻。□□聖人或作舟□，以□□□之利；或造□□以……知造□爲梁者，誠又利生民者也。今廣靈城北蔚郡城西北有一□□□清圓洞。斯地也，屏山四圍，花木叢……穆穆，泉水涌涌，誠所謂西域佛境也。忽而康熙歲次甲午冬季下元，山西樂平縣，天降九明如來。……隱居此洞。鍛煉身心，苦功悟道。明心見性，開舟普度。接引善男信女，同修上乘。迨至功圓果滿，感動四方。于是……齋學好者，時時群集。我□□□□如珍，又將衆善人等善捨的資財，于南北兩岸，修廟□□有廟一則……佛栖迹行宮，二則爲衆善廣種福德。慈因普覆□□，佛恩昊天罔極矣！□乎南北兩岸□□中……忽行致使南北兩岸不接，即不然亦恐……者，有跋涉之苦。故焦勞□□一通靈聖橋普濟善人。不……成，丹書急詔我佛爺涅槃歸西，又命繼善弟子通明，完成此願。幸而於乾隆戊辰□夏得功程告竣。其橋有……高，長有十一丈長，闊一丈一尺。堅確永固，實乃善衆之庇嘉□也！聖橋既成，佛廟既遂，及我善人，亦□有南北往來，跃□之告哉。蓋佛恩浩蕩，普濟群賢，豈可不銘石以爲聖功永垂乎！爰銘以誌之。

　　安門樊氏募化衆……
　　……經理維善住持□□、□□後續接引住持弟子□成圓明……
　　乾隆拾叁年肆月吉日修成立碑。

385. 掘井見水碑記

立石年代：清乾隆十三年（1748年）

原石尺寸：高67厘米，寬39厘米

石存地點：長治市襄垣縣北底鄉長畛村

嘗聞諸子曰：人非水火不生活。是□水也者，人之所以能生者也。如余輩村名長畛，古來無水。鄰村取水者，往返不下數十餘里。取水之艱難，莫如此矣。前人之掘井不知几費經營、几費資財，奈池窖之不佽，人亦無如之何矣！及至乾隆一十三年，偶遇風鑒先生楊諱有運，字得芳，在此遍觀山勢，詳卜地脉。問其故，先生曰：此處穴係龍迴之势，有過浹之水，宜掘井焉。彼時，聞其言，地主李祥、李進等愿捨井，其地也愿捨行路。其餘合社人等各捐己資，同掘井焉。十餘天，果然大泉。於是，衆嘆之曰：此正所謂天不絕人也。不愛宝而使天知地利者之指點，衆人之所以得享其福也。因是，立石爲序。

太學生崔□□撰。

石匠劉□□敬刊。

合社士衆李墦等同立。

乾隆一十三年孟冬吉旦。

清
（
一
）

386. 王老爺斷明灘地碑記

立石年代：清乾隆十五年（1750年）
原石尺寸：高85厘米，寬46厘米
石存地點：運城市芮城縣風陵渡鎮焦蘆村

〔碑額〕：王老爺斷明灘地碑記

　　□□永濟縣正堂、軍功加一級、紀錄五次、記軍功五次□爲斷明立石，以杜争端事，于今歲五月十五日勘得焦蘆村姚帝魁等，控田村王静等强伯灘地一案。緣帝魁等地段係東西畔，東依高岸，西臨河，南接田村，北毗西□東岸，舊丈□原數，田村□□六十七步，焦蘆村八十四步，西陽村一千三百五十步。因河水遷徙無常，水退則成沃土，水澇則爲廢壞，是以界□□□。雍正六年以後，控争不息，雖經歷任勘斷，已將東岸丈明，而西岸總難區分。但三村之地，俱係東西畔，均宜直達河□，豈田村、西陽均得管種西岸，焦蘆東岸依然如舊，西岸即非舊業乎？揆厥所由，皆因水退之後，西、田二村地廣勢闊，原無界畔爲據，管種稍浩□，已侵入□□□□，未經查丈，兩村亦皆習而不察。迨後屢□屢退，兩村□加侵削，焦蘆村存地無幾。上年水復退，兩村再爲□□，而焦蘆村□□竟無尺土可管，以致帝魁等呈控到縣，告批捕衙查□據詳，難以立界。本縣復親臨查勘，丈得三村東岸各地庫□□□百九十九步，焦蘆庫尺長八十步，西陽庫尺長一千三百七步。查對舊丈原數，均屬缺少。但新舊弓尺大小不同，應照現丈之數分管，其西岸地形，田村則自南斜向西北，西陽則自北斜向西南，兩村地界業已連接。焦蘆村雖有東岸地段，西岸實無寸土，以該村舊有之地，一旦分屬田、西二村，無惑乎帝魁等出而控争也。查各村地勢，東寬西窄，復將西陽、田村現管西岸之地，統丈共地二千一百五十九步。丈畢細加查核，西陽所侵焦蘆之地尚少，田村所侵焦蘆之地較多，蓋田村東岸老崖形似新月，東西原不能取齊。隨斷令各村西岸之地，照東岸步數多寡，酌量均攤，西岸不得以東岸步數爲準。田村應與西岸退出地四十步，西陽亦與西岸退出地二十步，兩村共退出地六十步，給還焦蘆帝魁等管種。俱自東岸經至河沿焦蘆村西岸地界，總以六十步爲率，不得過多，南屬田村，北歸西陽，各于分界處埋立石畔。倘自後偶遇水淹退出，俱各照石畔管業，以息争端。如有一村違斷妄事，越界侵占者，被侵之人即行稟究取具。各具遵依，附□立案。

　　大清乾隆拾伍年伍月拾伍日，南鄉西陽村裴志績等、焦蘆村姚帝魁等、田村王静等同立。

387. 重修藏山大王廟碑記

立石年代：清乾隆十四年（1749年）
原石尺寸：高123厘米，寬55厘米
石存地點：陽泉市盂縣藏山祠

重修藏山大王廟碑記

從來建廟報德，皆世俗之見，君子不取焉。然亦有廟之不容不建，德之不可不□□□□文子，春秋賢大夫也。在官，則豐功偉業，炳於晉史，解組猶□□施雨澤於萬年……加無已耶！盂邑北鄉距城三十里有藏山古洞，輒禱必應，五□七雨，誠惠我□□。□□曰"□□雨施"，□下平詩曰：既優既渥，既沾既足，生我百穀。是雨□之功最大，雨澤之德最□□□□□城在鄉，建廟□祀，不可勝數。今上王村，村庄雖小，賢良極多。若藏山甚遠□建廟，□□□□□焚香頂禮之所，非邀福，實念神德於不衰。時有耆老……勤者有蠲資增費者，有出力助工者，踴躍鼓舞，共襄盛事。以欽大殿……妝表如在之誠，山門崎立，嚴體統之制。一時之舉，萬善同歸□心焉。……可勝道哉！今而後昂盛于豆，于豆于登，其香始升，上帝居歆……

盂縣儒學邑庠生楊紹震撰文，邑人林鳴鳳書丹。

鐵筆：李超元、李超賢。

住持：僧人□諫，門徒能□。

時龍飛大清乾隆歲次己巳年季夏吉月穀旦。

萬善同歸

大清乾隆拾肆年米月拾伍日立

歲貢生依選訓導榆關李竹范謹撰
儒學廩膳生員武鄲錫沐手敬書

388. 龍神廟重修碑記

立石年代：清乾隆十四年（1749年）

原石尺寸：高124厘米，寬73厘米

石存地點：陽泉市盂縣南婁鎮西小坪村諸龍廟

〔碑額〕：萬善同歸

龍神廟重修碑記

盖祀所以報神功，神所以庇民社。故祀者，祀神也，而實祀乎靈。要之，靈之至者，莫如我諸龍神也，有求則應，甫感斯通。凡遇亢旱之年，其庇我生民者，不可勝紀。茲因廟宇損壞，其址淺狹，闔鎮人等以及一邑信士，俱有踴躍增修之念。爰廣闊地基，添慶雲之楼，裝修□貌，開喜雨之門。掇幽芳而蔭喬木，栖林霏而飲甘泉，洵盂邑之勝區也。且功大而告成□速，力少而助緣者多，何？莫非神之靈乎？神功之浩大，何時不當祀乎？是爲記。

歲貢生候選訓導榆關李竹苞謹撰，儒學廩膳生員武酆錫沐手敬書。

糾首：武權謨六錢、監生武祐錫一兩五錢、李茂林六錢、刘禄二錢、武永魁三錢、武搪錫二兩、武蒲錫二錢、刘起禄三錢、武永璉一錢、武本洮五錢、李讓一錢、刘世宗一錢、武永盛五錢、武□光五錢、李王元五錢、刘福禄一錢、武永端六錢、武本静一錢、蘇墾一兩五錢、蘇必顯五錢、武永理四錢、李楓五錢、蘇培成五錢、田珥五錢、禮生武帝錫五錢、張珥五錢、□承訓四錢、李在春五錢、武祚錫七錢、張師亨二錢、趙定六錢、張元富五錢、榮貴福六錢。

（以下碑文漫漶不清，略而不錄）

住持：聚來。木工：魏文德。石工：趙海祥。

大清乾隆拾肆年柒月拾伍日立。

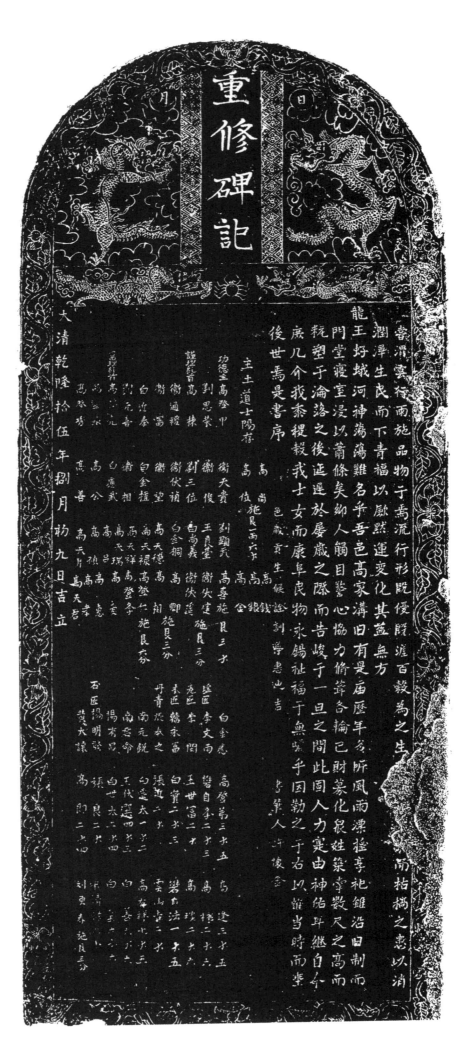

389. 重修碑記

立石年代：清乾隆十五年（1750 年）
原石尺寸：高 150 厘米，寬 62 厘米
石存地點：呂梁市臨縣三交鎮高家溝村

〔碑額〕：重修碑記

嘗謂雲行雨施，品物于焉流行形，既優既渥，百穀爲之生□□□□□而枯槁之患以消；潤澤生民而下青福以斂。默運变化，其益無方。龍王、好蛾、河神蕩蕩，難名乎！

吾邑高家溝旧有是庙，歷年多所風雨漂搖。享祀雖沿旧制，而門堂寢室浸以蕭條矣。鄉人觸目警心，協力修葺。各輪己財，募化衆姓。築掌数尺之高，而妝塑于淪落之後。延遲於屢歲之際，而告峻于一旦之間。此固人力，實由神佑耳！繼自今，庶几介我黍稷，穀我士女，而康阜民物，永錫祉福于無疆乎！因勒之于右，以耀當時而垂後世焉。是書序。

邑歲貢生候詮訓導惠迪吉，書筆人許懷金。

主土道士：陽存。

功德主：高登甲、劉思榮。

謹理糾首：高棟、衛通禮、衛富、白近泰、劉元喜。

富理糾首：高登亮、高登銀、高登秀、高尚、高位施銀一兩六錢。衛天貴、衛俊、劉三位、衛伏禎、衛望、白金檀、衛相、白應武、高公、高善、劉顯武、王艮臺、白尚義、白金桐、高天德、高天禄、高天祥、高天瑞、高呂、高禎、高天月、高錢、高銀、高金、高喜施銀三錢。衛伏庭、衛伏遥施銀三分。高卿、高相施銀三分。高登仁、高登學、高愛、高惠、高孝、高天君施銀六分。

窯匠：李文雨、白金應。瓦匠：李閔。木匠：韓永富。丹青：張奉之、南元鋭、南君命。石匠：楊有昌、楊明發、黃大讓。

高登弟三錢五、欒自學二錢三、王世富二錢、白實二錢三、張近二錢、白□太一錢二、王伏選四錢三、白世太二錢四、張良二錢、高即二錢四、高逢三錢五、高彬二錢六、高琰二錢六、欒自法一錢五、雲山寺二錢、高有祥七錢五、白善六錢六、白聖六錢六、宋清祚六錢、劉更春施銀三分。

大清乾隆拾伍年捌月初九日吉立。

390. 重修泮池杏壇碑記

立石年代：清乾隆十五年（1750年）
原石尺寸：高195厘米，寬82厘米
石存地點：運城市芮城縣博物館

〔碑額〕：重修泮池杏壇碑記

重修泮池杏壇碑記

古者諸侯之學曰類宮，所以頒政令施教化也。東西南方通以水，形如半壁，而半於辟廱，故曰泮水，而因以名宮，義各有當焉。迄今讀《魯頌》篇，采芹采茆，小大從公。于此見能修泮宮，而多士奮興，人文蔚起，國之慶賞刑威，胥由此出，誠綦重矣。我國家崇儒重道，凡郡縣學宮皆有泮池，其義亦可概見。其制或仿諸古，弗可以任其頹廢而不修也。芮之文廟，前令請帑修理，堂構無恙，丹堊維新，無庸補葺。惟是泮池未及議修，歲久傾圮，砌石滲漏，無以潴渟泓而滋荇藻。且向來設橋以跨其中，欄以翼其外，豈徒無以壯觀瞻乎！文風之不振，未必不由乎此。予蒞芮數載，馳驅王事，未遑計及。適司鐸李君暨白君先後來芮，以振興庠序為己任，深慮泮池之不可以不亟修，而諮于多士，咸願捐資共舉。不數月而告成。甃石完固，橋欄竪好。橋之南築方壇以護樹，蓋取杏壇之意。向患水□時涸，閱前人碑記，知其源由上郭等村而來。一月之內，民與官半為之。浚其故道，復厥成規，源遠而流長，豈虞其或竭歟？□□□之學宮，一邑之政教係焉，而泮池之關係乎學宮者甚大。今修泮池以隆學校，隆學校以申教化，而以詩書之氣化其搖魯，禮讓之風易其樸陋，豈惟司鐸之任哉？有事茲土者與有責焉。竊願與多士互為勉勵，相與有成，以仰副聖天子樂育賢才之至意，人文之盛有厚望焉。予將拭目俟之。爰紀其事，以勒之石，董事諸生姓氏例得編書，其捐助姓氏與費用若干，則書于碑之陰。

賜進士出身文林郎知芮城縣事苕溪胡官龍撰文，吏部揀選知縣暫理芮城縣儒學教諭事壬戌科明通舉人榆關李成章書丹，芮城縣儒學訓導平舒白光玥篆額。

董事人：薛龍湫、王琁、王彝、王廣運、趙世忠、薛兆羆、薛偉勳、姚鼇、薛新元、王世堂、張份、韓希孔、薛起鳳、蕭天助、馮樹祥。

石工范萬全、子治業鐫。

大清乾隆十五年歲在庚午陽月之吉。

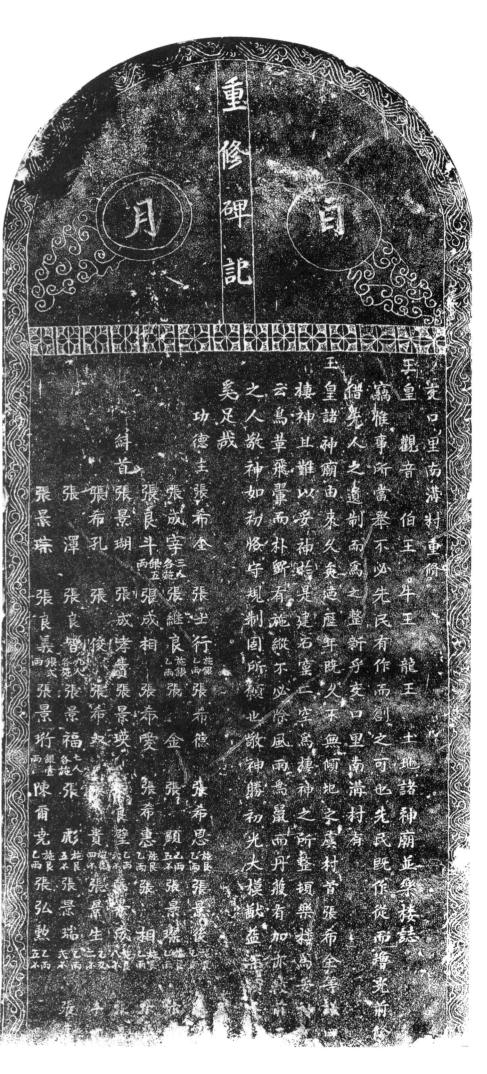

重修碑記

自　月

王皇觀音伯王牛王龍王土地諸神廟並樂樓誌

391. 交口里南溝村重修玉皇觀音伯王牛王龍王土地諸神廟并樂樓誌

立石年代：清乾隆十六年（1751 年）

原石尺寸：高 105 厘米，寬 65 厘米

石存地點：呂梁市石樓縣龍交鄉南溝村諸神廟

〔碑額〕：重修碑記　　日　月

交口里南溝村重修玉皇觀音伯王牛王龍王土地諸神廟并樂楼誌

　　竊惟事所當舉，不必先民有作而創之可也。先民既作從而增光前修，借先人之遺制而爲之整新乎。交口里南溝村有玉皇諸神廟，由來久矣，乃歷年既久，不無傾圮之虞。村首張希全等議，栖神且難以妥神，於是建石窑二空，爲栖神之所，整頓樂楼，爲妥神□云。鳥革飛翬而朴斫有施，縱不必除風雨鳥鼠，而丹腰有加，亦較前□之。人敬神如初，恪守規制，固所願也；敬神勝初，光大模猷，益深□□□奚足哉！

　　（以下碑文略而不録）

　　大清乾隆十六年十月初四立。

392. 修建龍王廟并樂樓碑記

立石年代：清乾隆十六年（1751 年）
原石尺寸：高 172 厘米，寬 68 厘米
石存地點：吕梁市汾陽市峪道河鎮坡頭村

〔碑額〕：流芳

修建龍王廟并樂樓碑記

龍之爲靈昭昭也，鼓之以雷霆，潤之以風雨，歲功成而品物亨。《詩》曰："以祈甘雨，以介我黍稷，以穀我士女。"《禮》曰："天降時雨，山川出雲。"則亦何地之不可以報□也。汾郡西距城二十里有奇，棋布星列，負山帶河，洵勝地也。里人辛酉歲建□龍王神祠，爲惠我素禾。惟神是賴，無如侑亨無地，其心寧不悚然？爰是，里人□募化并地畝銀四百餘金，協力鳩工庀材，建樂楼三楹，左右樹鍾鼓二楼，并□□厨三間。舉凡金宮祠殿，咸丹艧維新矣。雖曰人力，蓋神之功居多。里人□□序，予不能以不文辭，聊誌歲月以垂諸石，而知龍之爲靈昭昭也。後之君子□將接踵而起矣。

本邑附貢生于飛張振鷺謹撰，大陵人强德李秉勇敬書。

經理糾首：吕星漢、張綸遠、王錦等。

住持：郭一德。

鐵筆：楊福、馬可□□。

時大清乾隆歲次辛未躔鶉首之次穀旦。

清（一）

877